Drôles d'histoires de médicaments
d'origine naturelle

Guy Lewin

Drôles d'histoires de médicaments d'origine naturelle

De A comme Artémisinine à Z comme Ziconotide

© 2019 Lewin, Guy

Édition : BoD – Books on Demand
12/14 rond-point des Champs-Élysées, 75008 Paris
Impression : BoD - Books on Demand, Norderstedt, Allemagne
ISBN : 9782322019526
Dépôt légal : Octobre 2019

À mon cher bouquet de ique…

PRÉFACE

Ce livre raconte sérieusement et fidèlement sur le fond, mais d'une façon qui se veut humoristique sur la forme, les conditions de la découverte d'un certain nombre de médicaments d'origine naturelle. Cela signifie que leurs principes actifs, présentés ici, sont tous directement ou indirectement issus de végétaux, d'animaux ou encore de microorganismes, terrestres ou marins. Pourquoi me suis-je restreint à ces seuls principes actifs d'origine naturelle ? Tout simplement parce que ce sont ceux que je connais le mieux, les ayant enseignés en faculté de pharmacie comme professeur de pharmacognosie (cette discipline pharmaceutique s'intéresse à l'ensemble des substances d'origine naturelle, ainsi qu'aux matières premières dont elles sont issues, et qui présentent une activité biologique à l'origine d'applications thérapeutiques).

Les principes actifs que j'ai sélectionnés pour ce livre l'ont été le plus souvent en raison des conditions de leur découverte dont j'ai pensé qu'elles pouvaient faire l'objet de belles histoires vraies à raconter. Passant ainsi, au gré des récits, d'un continent à un autre et de la terre ferme aux fonds marins, le lecteur découvrira des recherches toujours minutieuses (évoquant parfois celle d'une aiguille dans une meule de foin), de véritables aventures avec filature, rendez-vous manqué, cheminement parfois tortueux vers la découverte et… souvent un coup de pouce du hasard très intelligemment exploité par des chercheurs aux aguets.

Après avoir dit ce qu'était ce livre, voici ce qu'il n'est pas : un guide de plus sur les médicaments. Sur le plan de l'utilisation thérapeutique des principes actifs présentés dans ce livre (concernant toujours, c'est mon choix, des pathologies graves comme le diabète, les cancers, des maladies parasitaires, les rejets de greffe…), je n'ai mentionné que les indications officielles de l'AMM (Autorisation de Mise sur le Marché), parfois même quelque peu résumées. N'y figureront donc pas ou peu, leurs effets indésirables, les précautions d'emploi à respecter et, en conclusion, leur rapport bénéfice/risque. Il existe en effet bien d'autres sources où trouver ces renseignements.

Drôles d'histoires de médicaments d'origine naturelle

Pour en revenir à la forme, j'ai essayé de raconter ces histoires vraies et tout à fait sérieuses en inventant aussi des histoires qui elles ne le sont pas du tout. Dans les textes et sur les illustrations, beaucoup de personnages y prennent la parole et/ou y dévoilent leurs états d'âme : des humains, des animaux, des plantes, des micro-organismes et même des molécules ! La parole pour tous, vive la prosopopée !

Puisque même d'origine naturelle, un principe actif est évidemment toujours un composé ou un mélange de composés chimiques (ce que beaucoup de gens oublient souvent) doué d'une action pharmacologique, je me suis demandé de quelle façon introduire ces notions dans la présentation des découvertes. En effet, ne pas en parler du tout pour ne pas écœurer certains lecteurs, c'était écrire un livre bien creux laissant sur sa faim un lecteur un peu plus averti. J'ai donc choisi de résoudre cette question en scindant chaque histoire en deux parties :

- la première, la principale, qui se veut accessible à tout lecteur et dans laquelle la chimie est abordée « sur la pointe des pieds » ou par le biais de comparaisons que certains trouveront enfantines ou carrément grotesques, mais qui feront facilement comprendre à tout lecteur non chimiste ce que je veux dire ;
- la seconde, intitulée « *Pour aller plus loin* », dans laquelle le lecteur qui le souhaite trouvera les approfondissements que j'ai jugé utiles d'introduire (définition de certains termes, présentation de toutes les structures chimiques des composés cités, notions succinctes de mécanisme d'action pharmacologique et indications thérapeutiques).

Chacun des chapitres est accompagné de références bibliographiques rassemblées à la fin de l'ouvrage, qui permettront à celui ou celle qui le désire de remonter aux sources.

Tous les dessins de structures chimiques (souvent complexes tant la Nature est douée d'une imagination débordante !) ont été élaborés par mes soins et avec le plus grand sérieux. Il en a été de même des détournements de photos et dessins... le sérieux en moins !

INTRODUCTION SUR LES PRINCIPES ACTIFS D'ORIGINE NATURELLE

Cette introduction, tout à fait sérieuse elle, sur le fond comme sur la forme, me semble nécessaire pour expliquer au lecteur, avant qu'il n'entre dans ces drôles d'histoires, ce que l'on entend par *médicament d'origine naturelle* ou, pour être plus précis et rigoureux, par *principe actif d'origine naturelle*. De façon simple et en s'appuyant sur des exemples concrets, les différents types de principes actifs d'origine naturelle seront passés en revue ainsi que la façon de les obtenir.

Rappelons, pour commencer, qu'en langage pharmaceutique, le *principe actif* désigne, par opposition à l'excipient, le constituant qui est le support (le responsable) de l'activité d'un médicament. Cette expression *principe actif* est aujourd'hui considérée comme un synonyme désuet de *substance active* par le dictionnaire de l'Académie nationale de Pharmacie. J'ai cependant tenu à la conserver dans ce livre car elle reste encore très utilisée (sans doute même la plus utilisée) dans le langage courant et que sa signification est, me semble-t-il, parfaitement comprise de toute personne, professionnelle de santé ou pas, qui s'intéresse au monde du médicament.

Si on laisse de côté les principes actifs d'origine minérale, très minoritaires, les trois sources principales permettant d'obtenir les principes actifs d'origine naturelle sont des végétaux (plante entière ou partie de plante, algue), des animaux (animal entier, d'origine terrestre ou marine ; organe animal) et des micro-organismes (bactéries, champignons).

Dans un médicament, un principe actif d'origine naturelle peut être une substance, ce que l'on appelle en chimie une molécule, à l'état pur. C'est le cas de figure qui sera rencontré dans toutes les histoires de ce livre, et c'est par lui que je commencerai cette introduction. Mais il peut parfois être constitué de différents composés formant un mélange, souvent complexe, comme cela sera vu dans un second temps.

I) Le principe actif du médicament est une molécule naturelle

a) d'origine végétale

La morphine et la codéine sont deux alcaloïdes [1] du pavot somnifère, *Papaver somniferum* ; la morphine est exclusivement utilisée en thérapeutique pour son pouvoir antalgique (= anti-douleur) majeur alors que la codéine est prescrite comme antalgique (plus faible que la morphine) et comme antitussif.

Exemples de spécialités pharmaceutiques à base de morphine : Actiskenan®, Moscontin LP® [2] *;*

Exemples de spécialités pharmaceutiques à base de codéine : Dafalgan Codéine® antalgique ; Tussipax® antitussive.

La colchicine, du colchique, *Colchicum autumnale*, est une substance azotée rattachée aux alcaloïdes ; son indication thérapeutique principale (en déclin) est la goutte, en traitement de la crise aiguë et en prophylaxie des accès aigus chez le goutteux chronique.

Exemple de spécialité pharmaceutique à base de colchicine : Colchimax®.

b) d'origine animale

Le lysozyme est un polypeptide [3] naturellement présent chez l'Homme et d'autres espèces animales et qui est obtenu industriellement à partir du blanc d'œuf de poule. Possédant une action antibactérienne locale, il est utilisé dans le traitement d'appoint d'affections de la muqueuse buccale et de l'oropharynx.

---

[1] Le terme alcaloïde est défni au chapitre *La camptothécine et ses dérivés.*

[2] Les principes actifs de médicaments pris en exemple dans cette introduction le sont car ils ne font pas l'objet de chapitres propres dans la suite de ce livre. Les noms commerciaux (®) de spécialités pharmaceutiques, qui sont cités tout au long de ce livre, ne le sont évidemment pas à titre publicitaire, mais juste pour apporter une information supplémentaire (et sans doute plus concrète) au lecteur.

[3] Le terme polypeptide est défni au chapitre *Les insulines.*

Introduction sur les principes actifs d'origine naturelle

Exemples de spécialités pharmaceutiques à base de lysozyme : gamme Lysopaïne®, Lyso 6®.

c) d'origine fermentaire, c'est-à-dire présente dans le jus de fermentation de certains micro-organismes.

Les pénicillines G (benzylpénicilline) et V (phénoxyméthylpénicilline) sont des antibiotiques antibactériens élaborés par des champignons du genre *Penicillium, P. notatum* et *P. chrysogenum*.

Exemples de spécialités pharmaceutiques : à base de pénicilline G (Pénicilline G PAN®, Extencilline®) ; à base de pénicilline V (Oracilline®).

L'amphotéricine B est un antibiotique antifongique (= actif contre des champignons pathogènes) obtenu par fermentation d'une bactérie du genre *Streptomyces, S. nodosus*.

Exemple de spécialité pharmaceutique à base d'amphotéricine B : Fungizone®

La doxorubicine est une molécule antitumorale de la famille des anthracyclines produite par fermentation d'une bactérie du genre *Streptomyces, S. peucetius* var. *caesius* et indiquée dans le traitement de différents cancers, leucémies et lymphomes.

Exemples de spécialités pharmaceutiques à base de doxorubicine : Adriblastine®, Caelyx®.

II) Le principe actif du médicament n'est pas une molécule naturelle mais il dérive d'une molécule naturelle

L'expression *Principes actifs d'origine naturelle* (et non pas *Principes actifs naturels*) s'applique donc aussi à des molécules qui n'existent pas à l'état naturel, mais qui ont une structure chimique très voisine de celle d'une molécule naturelle à partir de laquelle elles sont obtenues.

Le procédé permettant de les préparer s'effectue alors en deux étapes :

1) extraction d'une molécule naturelle, qui servira de matière première pour l'étape suivante ; 2) modification de la structure de la molécule naturelle par voie chimique et/ou microbiologique.

Un tel procédé porte le nom d'hémisynthèse (synthèse à moitié, puisqu'une partie de la structure de la molécule finale est déjà apportée au départ par la Nature) et les molécules ainsi fabriquées sont dites hémisynthétiques.

a) d'origine végétale

La morphine, qui est utilisée elle-même en thérapeutique, sert aussi de matière première pour préparer par hémisynthèse d'autres principes actifs de structures plus ou moins voisines, mais n'existant pas à l'état naturel.

Exemples : l'hydromorphone, utilisée comme la morphine pour son pouvoir antalgique majeur (Sophidone®) ; l'apomorphine, indiquée dans la maladie de Parkinson (Apokinon®).

b) d'origine fermentaire

La pénicilline G reste utilisée dans certaines infections bactériennes, mais elle sert surtout à préparer toutes les pénicillines hémisynthétiques, des molécules antibiotiques qui ne sont pas naturellement produites par les *Penicillium* et qui constituent la très grande majorité des pénicillines utilisées en thérapeutique.

Exemples : l'amoxicilline qui est utilisée seule (Clamoxyl®) ou en mélange avec un autre constituant (l'acide clavulanique) qui renforce son action (Augmentin®) ; l'oxacilline (Bristopen®), etc.

Dans les deux exemples cités ci-dessus, les molécules hémisynthétiques sont préparées à partir de molécules naturelles (morphine et pénicilline G) qui sont elles-mêmes des principes actifs de médicaments. Parfois la molécule naturelle n'a aucune indication thérapeutique, son seul intérêt étant d'être une matière première d'hémisynthèse pour l'accès à des principes actifs de médicaments. Ainsi la thébaïne, un autre alcaloïde du pavot somnifère, qui n'est pas utilisée en thérapeutique, possède une structure chimique un peu particulière (bien que voisine de

Introduction sur les principes actifs d'origine naturelle

celle de la morphine) qui permet l'accès à plusieurs principes actifs tels que :

- *la naloxone (Narcan®, Nalscue®) qui est utilisée comme antidote dans les intoxications aiguës aux opiacés (en particulier dans les cas d'« overdose » chez les héroïnomanes) ;*

- *la buprénorphine qui est indiquée en thérapeutique, d'une part comme antalgique (Temgésic®), et d'autre part dans le traitement de substitution aux pharmacodépendances majeures aux opiacés (Subutex®).*

Les principes actifs à squelette stéroïde (anti-inflammatoires stéroïdiens dérivés de la cortisone, androgènes, œstrogènes, progestatifs...) constituent eux aussi un très bon exemple de molécules préparées surtout par hémisynthèse à partir de molécules naturelles [4] non utilisées elles-mêmes en thérapeutique.

III) Le principe actif du médicament est un mélange de composés naturels

De très nombreux exemples pourraient être pris pour illustrer ce cas de figure. J'ai choisi d'en retenir trois : l'opium, les huiles essentielles et les médicaments de phytothérapie.

a) L'opium

L'opium est une substance solide obtenue à partir du latex des capsules de pavot somnifère. Par incision de ces capsules, le latex (sécrétion liquide blanchâtre) est recueilli puis laissé sécher à l'air. Par oxydation, ce latex se solidifie puis brunit pour donner l'opium. L'opium n'est pas un composé pur mais un mélange de nombreux alcaloïdes (dont bien sûr la morphine, alcaloïde principal du pavot somnifère) et d'autres constituants de nature non alcaloïdique. Sous forme d'extrait sec ou de

---

[4] Ces matières premières peuvent être d'origine végétale (phytostérols, sapogénines) ou animale (cholestérol, acides biliaires).

poudre, l'opium entre dans la composition de certains médicaments antalgiques.

Exemples de spécialités pharmaceutiques à base de poudre et/ou d'extrait d'opium : Lamaline®, Izalgi®.

b) Les huiles essentielles

Les huiles essentielles (communément appelées essences) sont des produits odorants d'origine végétale presque toujours de composition complexe (elles renferment plusieurs dizaines de composés voire davantage). Responsables de l'odeur caractéristique des plantes (dites « plantes aromatiques ») qui les produisent (menthes, thym, eucalyptus, citronnier…), certaines huiles essentielles entrent, comme principes actifs antiseptiques, dans la composition de médicaments traitant les états congestifs des voies respiratoires supérieures.

Exemples de spécialités pharmaceutiques à base d'huiles essentielles : Vicks Vaporub® (eucalyptus), Perubore inhalation® (lavande, thym, romarin).

c) Les médicaments de phytothérapie

Toujours obtenus à partir de plantes dénuées de toxicité dans les conditions normales d'utilisation et destinés à traiter des troubles fonctionnels et/ou des états pathologiques bénins, ces médicaments ne renferment jamais de principes actifs à l'état pur. En effet, le support de l'activité de ces médicaments est toujours un mélange de composition complexe (poudre, teinture, extrait…), préparé à partir de la plante sans isolement des substances actives.

Exemples de médicaments de phytothérapie : Euphytose® (à base d'extrait sec de racine de valériane, d'extrait sec de passiflore, d'extrait d'aubépine, d'extrait de ballote) ; traditionnellement utilisé dans le traitement symptomatique des formes mineures d'anxiété et de troubles du sommeil des adultes et des enfants. Elusanes Harpagophyton® (à base d'extrait hydroalcoolique sec d'harpagophyton) ; traditionnellement utilisé dans le traitement symptomatique des manifestations articulaires douloureuses mineures.

Introduction sur les principes actifs d'origine naturelle

IV) Méthodes d'obtention des principes actifs d'origine naturelle

Nous ne nous intéresserons ici qu'aux seuls principes actifs d'origine naturelle correspondant à une molécule chimiquement bien définie et non à un mélange.

Les quatre procédés utilisés sont l'extraction, l'hémisynthèse, la synthèse totale et le génie génétique.

a) L'extraction

Cette méthode ne concerne, bien entendu, que les seuls principes actifs existant déjà à l'état naturel, quelle que soit leur origine.

Si l'origine est végétale ou animale, la matière première préalablement pulvérisée (plante) ou broyée (organe animal) est traitée par un solvant approprié : le passage des constituants, sortant de de la matière première pour se concentrer dans le solvant, s'appelle une extraction solide-liquide.

Si l'origine est fermentaire, la matière première est le milieu de fermentation, c'est-à-dire un milieu aqueux dans lequel le micro-organisme (bactérie ou champignon) a été mis en culture (= fermentation). Après filtration du milieu pour éliminer le micro-organisme qui s'est multiplié, l'étape d'extraction du principe actif est réalisée selon différentes façons, le plus souvent par un solvant organique non miscible [5] à l'eau : le passage des constituants du milieu de fermentation dans le solvant s'appelle une extraction liquide-liquide.

Dans tous les cas de figure (matière première végétale, animale, ou fermentaire), cette première étape d'extraction est obligatoire et elle fournit toujours un mélange complexe. Elle est donc suivie d'étapes de purification plus ou moins nombreuses, faisant appel à toutes les techniques de la chimie extractive et analytique, le but final étant l'isolement du principe actif recherché à l'état pur.

Notons enfin que l'extraction de principes actifs d'origine animale (isolés le plus souvent à partir d'organes prélevés à l'abattoir sur des

---

[5] Formant deux phases avec l'eau (comme l'huile avec le vinaigre).

animaux de boucherie) est en fort déclin depuis la fin du siècle dernier. L'une des explications en est la crise de la vache folle (nom savant : encéphalopathie spongiforme bovine ou ESB) qui est apparue dans les années 1990 et qui était due à un agent infectieux non conventionnel, la protéine prion, responsable de la transmission à l'Homme de la maladie de Creutzfeldt-Jakob. Tous les animaux de boucherie n'étaient pas concernés et les différents organes animaux n'étaient pas tous à risque. Cependant, une suspicion généralisée et le principe de précaution ont conduit à retirer du marché de nombreux médicaments contenant des principes actifs d'origine animale lorsqu'ils n'étaient pas jugés indispensables (rapport bénéfice/risque défavorable). L'autre réponse à cette crise a été, quand la nature du principe actif le permettait, le remplacement de l'extraction d'origine animale par la production par génie génétique (*cf. plus loin*).

b) L'hémisynthèse

Il faut noter que ce procédé, qui a déjà été présenté, n'est pas réservé à la production des seules molécules non naturelles. L'hémisynthèse peut être utilisée préférentiellement à l'extraction du principe actif naturel à partir de sa source pour des raisons écologiques (*cf. le chapitre Les taxanes*) ou économiques. Ainsi la codéine, alcaloïde du pavot somnifère de structure très proche de celle de la morphine, est surtout fabriquée par hémisynthèse à partir de la morphine (l'isolement de la morphine, alcaloïde majoritaire du pavot somnifère, puis sa transformation en codéine étant plus rentables économiquement que l'extraction de la codéine, alcaloïde minoritaire dans la plante).

c) La synthèse totale

Comme pour l'hémisynthèse, la synthèse totale d'un principe actif existant pourtant dans la nature est mise en œuvre préférentiellement à l'extraction dans différents cas de figure : source naturelle rare, rendement d'extraction faible, structure chimique rendant la synthèse totale plus rentable (*cf. les chapitres L'exénatide et La fosfomycine*).

Introduction sur les principes actifs d'origine naturelle

d) Le génie génétique

Le génie génétique, avec la technologie de l'ADN recombinant (recombiné serait plus juste en français), est un mode d'accès à des principes actifs de médicaments qui est apparu au début des années 1980. Cette technique consiste à introduire dans l'ADN (= acide désoxyribonucléique) de certains organismes [6] un gène (= fragment d'ADN) d'une autre espèce codant, c'est-à-dire gouvernant, ordonnant la synthèse d'une protéine (ou d'un polypeptide) non produite naturellement par cet organisme. Si le gène introduit est un gène humain codant la synthèse d'une protéine naturellement produite chez l'Homme, l'organisme devenu génétiquement modifié (OGM pour employer le sigle qui fâche !), possédant donc un ADN recombiné, produira à son tour cette protéine humaine.

C'est ainsi que l'insuline de séquence humaine (terme plus exact qu'insuline humaine qui pourrait faire penser faussement à une insuline obtenue à partir d'humains) est devenue en 1982 le premier principe actif médicamenteux au monde à être produit par génie génétique. En arrivant sur le marché en 1984, elle a progressivement remplacé les insulines d'origine animale (de porc et de bœuf) qui étaient jusqu'alors les seules utilisées et dont la commercialisation a été arrêtée en l'an 2000 (*cf. le chapitre Les insulines*).

Parmi les autres molécules symbolisant l'histoire du génie génétique comme mode de préparation de médicaments, on peut citer en particulier :

- l'érythropoïétine (EPO) qui a été mise sur le marché en France en 1989 pour traiter l'anémie des insuffisants rénaux chroniques dialysés. Cette hormone, surtout sécrétée par le rein, stimule l'érythropoïèse (mécanisme de formation des hématies = globules rouges). Son manque de

---

[6] Les organismes essentiellement utilisés dans l'industrie pharmaceutique sont certaines souches de colibacille (*Escherichia coli*), la levure de bière (*Saccharomyces cerevisiae*) et des cellules d'Ovaires de Hamster Chinois (dites cellules CHO).

production, chez les insuffisants rénaux sous dialyse, est la principale cause de l'anémie chronique observée chez ces malades, qui ne pouvait alors être combattue que par des transfusions sanguines répétées. Par opposition à l'insuline qui, sous la forme d'insuline animale (extraite de porcs et de bœufs), soignait depuis les années 1920 les diabétiques, l'érythropoïétine, elle, n'a pu être mise à disposition des malades que grâce au génie génétique qui a permis sa préparation à l'échelle industrielle. L'érythropoïétine est ainsi la première molécule au monde à être devenue un médicament grâce au génie génétique. Un médicament qui certes, sous la dénomination bien connue EPO, a nourri pendant des années la rubrique sport et dopage, l'été aux alentours des cols du Tourmalet ou du Galibier, mais aussi et surtout un médicament qui a considérablement amélioré la vie d'un certain nombre de malades ;

- l'hormone de croissance recombinante (= somatropine) qui a été mise sur le marché en France en 1988 pour traiter le retard de croissance lié à un déficit hypophysaire en hormone de croissance (= déficit somatotrope). Contrairement à l'insuline dont la différence de structure chimique selon l'espèce (Homme, Porc et Bœuf) ne modifie pas l'activité pharmacologique, l'hormone de croissance humaine ne pouvait pas être remplacée par une hormone de croissance animale, inactive. Avant l'arrivée du génie génétique, c'était donc, depuis les années 1960, l'extraction d'hormone de croissance humaine à partir d'hypophyses prélevées sur des cadavres dans les morgues d'hôpitaux qui constituait la seule source d'approvisionnement. Malheureusement, la collecte d'hypophyses humaines souillées par l'agent de la maladie de Creutzfeldt-Jakob a entraîné au milieu des années 1980 la contamination puis la mort de nombreux enfants traités par cette hormone d'extraction, dont la plus grande partie (environ 120) en France. L'arrivée de l'hormone de croissance recombinante a ainsi constitué un progrès considérable en supprimant complètement ce risque de contamination.

De nombreux autres principes actifs de nature protéique (par exemple, chez l'Homme, les interférons et des facteurs de croissance cellulaire) ont pu devenir des médicaments grâce au génie génétique. Si l'on ajoute les très nombreux anticorps monoclonaux [7], c'est à une

---

[7] Un anticorps monoclonal est constitué d'une protéine unique, bien définie, qui cible un antigène unique ; sa préparation industrielle comporte presque toujours

Introduction sur les principes actifs d'origine naturelle

véritable explosion de médicaments issus du génie génétique que l'on assiste depuis une vingtaine d'années.

Si le génie génétique est actuellement utilisé dans l'industrie pharmaceutique, quasi exclusivement, pour la production industrielle de protéines et de polypeptides thérapeutiques, il devrait dans le futur permettre l'accès à d'autres principes actifs d'origine naturelle, non protidiques. Ainsi, une publication de 2015 dans le journal *Science* a décrit pour la première fois l'isolement de la thébaïne, alcaloïde du pavot somnifère dont nous avons déjà parlé, à partir d'une levure génétiquement modifiée cultivée dans un milieu de fermentation riche en sucre. Pour obtenir un tel résultat, les auteurs du travail avaient incorporé à l'ADN de la levure de nombreux gènes codant diverses enzymes (qui sont des protéines) d'origine bactérienne, végétale et humaine, toutes nécessaires à l'élaboration de l'alcaloïde par le micro-organisme.

Après cette introduction très théorique, il est temps de laisser le lecteur découvrir l'histoire des différents principes actifs que j'ai sélectionnés dans ce livre. Qu'il se rassure, il ne sera jamais seul : outre les chercheurs, personnages-clés qui ont fait de ces molécules des médicaments, il rencontrera aussi des plantes, des animaux, terrestres et marins et des micro-organismes, dont certains qui parleront ou évoqueront leurs états d'âme... Et puis il voyagera beaucoup, aux quatre coins du monde : en Asie, en Afrique, au Far-West, à la Jamaïque, dans les océans Indien et Pacifique, sur la Côte d'Azur... et même sur la ligne B du RER !

Alors, bon voyage.

---

une étape de génie génétique. Tous les anticorps monoclonaux ont un nom se terminant en mab (**M**onoclonal **A**nti**B**ody). Pour un exemple de médicament décrit dans ce livre et contenant une partie constituée d'un anticorps monoclonal, *cf.* le chapitre Les dolastatines.

L'ARTÉMISININE ET SES DÉRIVÉS
Pathologie concernée : le paludisme

O – O = LA TÊTE AU PLASMO

Pour commencer...

Le lecteur :
« Et voilà : première ligne de la première histoire, et je n'y comprends déjà rien. J'ai bien saisi l'allusion très lourde au « zéro + zéro = égale la tête à Toto » de mon enfance. Mais zéro – zéro = la tête au Plasmo, pour moi, c'est du chinois !

L'auteur :
Ça tombe bien que vous preniez cela pour du chinois car l'artémisinine est justement une découverte chinoise. Je peux juste vous dire que vous faites fausse route pour comprendre le sens de cette phrase. En lisant l'histoire cependant, je vous assure que votre persévérance sera récompensée et que le mystère de cette phrase se dissipera complètement.

Le lecteur :
C'est ce que j'espère. Il n'empêche que vous auriez pu commencer par une phrase plus facile à comprendre.

L'auteur :
J'avais hésité avec « Vive la guerre ? ». Mais même avec un point d'interrogation, je craignais qu'elle soit prise au premier degré, donc mal perçue et jugée cynique et provocatrice. Alors pourquoi cette phrase ? Parce que sans la guerre, plus précisément la guerre du

Vietnam, l'artémisinine ne serait peut-être toujours pas connue aujourd'hui en 2019. »

Vers la découverte de l'artémisinine

Dans les années 1960, la guerre du Vietnam ne cessait de s'étendre. Aux victimes au combat, dans les deux camps, s'ajoutaient celles, toujours plus nombreuses, atteintes de paludisme. Cette maladie parasitaire potentiellement mortelle, transmise à l'homme par la piqûre d'un moustique femelle lui-même contaminé (certaines espèces du genre *Anopheles*), était en effet de moins en moins contenue par les médicaments. La raison ? La résistance croissante du *Plasmodium*, le parasite responsable de la maladie, au médicament antipaludique phare de l'époque, la chloroquine (Nivaquine®) (*Cf.* **Pour aller plus loin « 1 »**).

Dans les deux camps, la nécessité de trouver de nouvelles molécules actives se fit donc cruellement sentir : aux États-Unis, ce fut l'Institut de Recherche Militaire Walter Reed qui hérita dès 1965 de cette mission. Jusqu'à la fin de la guerre (1975), des dizaines de milliers de composés furent passés au crible des tests biologiques ; deux d'entre eux, des molécules de synthèse, deviendront des médicaments antipaludiques : l'halofantrine (Halfan®) et la méfloquine (Lariam®). En Chine, alliée du Nord-Vietnam, le projet fut également pris en charge par l'organisme de recherche militaire dès 1964. De 1967 à 1969, des milliers de composés furent là aussi testés mais sans résultat. Pour cette raison, les responsables du projet se tournèrent vers l'Académie de Médecine Traditionnelle Chinoise et sa branche dédiée aux remèdes traditionnels, l'Institut de Matière Médicale Chinoise. À l'Institut, passablement désorganisé par la Révolution culturelle, c'est finalement à une jeune scientifique de 39 ans, Youyou Tu, qu'échut en 1969 la lourde responsabilité de cette recherche. Passionnée à la fois par la médecine traditionnelle chinoise et par l'approche scientifique moderne de l'étude des plantes qu'elle avait apprise pendant ses études de pharmacie, Youyou Tu allait s'acquitter à merveille de la tâche qui lui avait été confiée.

Bien qu'évidemment non reliés à l'infection par le *Plasmodium*, les symptômes du paludisme étaient déjà décrits dans la littérature médicale chinoise la plus ancienne, en particulier le *Huangdi Nei Jing* ou

Classique interne de l'empereur Jaune (écrit entre 770 et 206 avant J.-C.). À partir de l'étude de manuels de médecine traditionnelle chinoise et d'ouvrages de remèdes populaires, Youyou Tu sélectionna en trois mois 2000 « remèdes » d'origines végétale, animale et minérale présentant d'une manière ou d'une autre un rapport avec les symptômes du paludisme (fièvres en particulier). Cette sélection fut affinée, notamment après discussion avec des spécialistes de médecine par les plantes, pour aboutir à une liste finale de 640 « remèdes ». L'évaluation de ces données de la médecine traditionnelle se fit alors par la mise en œuvre de tests biologiques sur des rongeurs infectés par le *Plasmodium*. En deux années (1969-1971), les tests réalisés avec des extraits, le plus souvent aqueux et éthanoliques (= alcooliques), de plus d'une centaine de plantes citées dans la sélection retenue, donnèrent quelques résultats intéressants, mais sans plus... Jusqu'à ce jour d'octobre 1971 où un extrait, cette fois-ci éthéré (extraction effectuée par l'éther éthylique) d'une plante dénommée *Qinghao* révéla une très grande efficacité par voie orale sur le paludisme du rongeur (*Cf. Pour aller plus loin « 2 »*). L'activité antipaludique de cet extrait éthéré fut retrouvée deux mois plus tard sur le singe et, en novembre 1972, pleinement confirmée sur l'Homme lors des premiers essais cliniques réalisés sur des malades atteints de paludisme à *Plasmodium vivax* mais aussi à *P. falciparum*, l'espèce la plus redoutable.

Ainsi donc, dans le dernier tiers du 20e siècle, en à peu près un an, des études rigoureusement menées sur des rongeurs, puis des singes, puis sur l'Homme, atteints d'une maladie parasitaire bien définie, le paludisme, venaient de valider plus de 1600 ans de recommandations en médecine traditionnelle chinoise d'une plante, le *Qinghao*, pour combattre des fièvres.

Le *Qinghao* avait en effet été cité pour la première fois, vers 340 après J.-C., pour soulager les fièvres périodiques (fièvres revenant à intervalles réguliers dans certaines formes de paludisme) par Ge Hong dans son *Manuel des Prescriptions d'Urgence*. Plus intéressant encore, ce même *Qinghao* revenait par la suite très régulièrement, comme remède soulageant les symptômes du paludisme, dans nombre d'autres manuels de médecine traditionnelle chinoise. *Qinghao* qui désignait sans vraie distinction plusieurs espèces botaniques du genre *Artemisia* (famille des Astéracées) fut identifié par Youyou Tu et son équipe à une seule espèce d'*Artemisia*, *A. annua*, l'armoise annuelle.

Parallèlement aux études d'activité de l'extrait éthéré, Youyou Tu et ses équipes s'employèrent d'abord à optimiser la préparation de l'extrait à utiliser (quelle partie de la plante extraire ? avec quels solvants ? à quelle température ? quelles purifications ultérieures à faire sur l'extrait ?). Et ensuite, bien évidemment, à identifier la substance chimique responsable de l'activité antipaludique. Cette molécule, isolée des parties aériennes de l'armoise annuelle à partir d'un extrait par l'éther éthylique, était une molécule neutre (c'est-à dire sans fonctions ni acide, ni alcaline) qui fut appelée artémisinine, en chinois *Qinghaosu*.

L'artémisinine et ses dérivés

Si les premiers essais cliniques avec l'artémisinine furent réalisés dès 1973, la détermination complète de sa structure prit plus de temps et ne fut publiée qu'en 1977. Il faut dire que l'artémisinine révéla une structure extrêmement originale avec, en particulier, la présence d'une fonction chimique, la fonction peroxyde, assez rarement rencontrée dans les molécules d'origine végétale. Cette fonction, correspondant à deux atomes d'oxygène contigus et s'écrivant O–O, devait s'avérer capitale pour l'activité antipaludique. En effet, l'élimination d'un des oxygènes (la molécule s'appelle alors désoxyartémisinine) fait complètement disparaître l'activité antipaludique.

Le lecteur qui a eu le courage d'arriver jusqu'à ces lignes vient donc de comprendre que la phrase en exergue : *O – O = LA TÊTE AU PLASMO*, se voulant amusante sur la forme, était en fait on ne peut plus sérieuse sur le fond puisqu'elle mettait d'emblée en lumière la partie chimique de l'artémisinine indispensable à son activité antipaludique ! (*Cf. Pour aller plus loin « 3 »*).

Comme cela est habituel à chaque fois qu'une molécule active est découverte, des modifications structurales furent entreprises sur l'artémisinine dans le double but suivant :

- connaître les éléments structuraux de la molécule qui sont indispensables à l'activité, ceux auxquels l'on ne peut donc absolument pas toucher (c'est ce que l'on vient de voir avec la fonction peroxyde) ;

- préparer de nouveaux composés plus intéressants pour telle ou telle raison (plus actifs, de meilleure biodisponibilité [1], hydrosolubles, moins toxiques, etc.).

C'est ainsi que furent découverts, toujours à l'Institut de Matière Médicale Chinoise, la dihydroartémisinine (DCI [2] arténimol), d'activité supérieure à l'artémisinine et de meilleure biodisponibilité, et des dérivés de celle-ci. La dihydroartémisinine servit en effet à son tour à préparer l'artéméther (DCI), l'artééther (DCI artémotil) et l'artésunate (DCI), trois prodrogues (= précurseurs pharmacologiques) de la dihydroartémisinine, c'est-à-dire agissant, après administration au malade, en « redonnant » par métabolisation la dihydroartémisinine qui est en fait le véritable principe actif.

Aujourd'hui, l'artémisinine est peu utilisée elle-même comme médicament, mais elle constitue la matière première de choix pour la préparation de la dihydroartémisinine et surtout de ses prodrogues, les principes actifs les plus utilisés en thérapeutique (*Cf. Pour aller plus loin* « *4* »).

Utilisation thérapeutique des dérivés de l'artémisinine

Malgré la tenue en 1981 à Pékin, sous l'égide de l'OMS, d'une réunion internationale sur le paludisme faisant découvrir à des chercheurs du monde entier une nouvelle molécule très prometteuse, l'usage de l'artémisinine resta quelques années encore confiné à la Chine et à quelques pays voisins (Vietnam, Cambodge). Les raisons en furent multiples, parmi lesquelles une certaine méfiance du monde occidental vis-à-vis de ce nouveau médicament qui semblait si miraculeux : quelle

---

[1] De façon très simplifiée, la biodisponibilité est habituellement définie par la quantité et la vitesse selon lesquelles la substance active atteint la circulation générale.

[2] La DCI ou Dénomination Commune Internationale est le nom officiel désignant un principe actif (p.a.) de médicament. Il est donné par l'OMS, en trois langues pour un même p.a. : anglais, espagnol et français.

était la part du vrai et celle de l'idéologie dans ces résultats venus de Chine presque « trop beaux pour être vrais » ?

Avec la prise en compte de plus en plus forte des phénomènes de résistance aux antipaludiques classiques vers la fin des années 1980 et la commercialisation en Chine de l'artémisinine (1986) et de la dihydroartémisinine (1992), la communauté internationale s'ouvrit progressivement à cette nouvelle classe d'antipaludiques. Le point d'orgue de cette évolution fut en 2001 la reconnaissance officielle par l'OMS du « grand espoir apporté au monde entier par ce nouveau traitement venu de Chine ».

Aujourd'hui, l'OMS considère que le meilleur traitement disponible contre le paludisme, en particulier celui à *Plasmodium falciparum*, est constitué par les dérivés de l'artémisinine. Dans le souci de ralentir au maximum l'apparition de résistances (il en existe déjà en Asie, dans le bassin du Mékong), ces dérivés ne doivent être utilisés que de la façon suivante :

- uniquement en traitement curatif, jamais à titre prophylactique (on ne prescrit donc jamais un dérivé d'artémisinine à une personne partant en voyage dans une zone infestée) ;
- jamais en monothérapie mais toujours en association (pour la voie orale) avec un autre antipaludique, d'une autre famille chimique. C'est ce que l'on appelle les CTA (Combinaison Thérapeutique à base d'Artémisinine) alliant deux molécules agissant par des mécanismes différents, l'une (le dérivé d'artémisinine) d'action assez courte, et l'autre, d'action plus prolongée. En 2017, l'OMS a instamment prié les autorités réglementaires des pays d'endémie palustre de bien vouloir prendre des mesures visant à faire cesser la production et la commercialisation des monothérapies par voie orale, et de promouvoir l'accès à des combinaisons thérapeutiques à base d'artémisinine (CTA). Six associations sont aujourd'hui disponibles, dont cinq ainsi que l'artéméther et l'artésunate, sont inscrites sur la Liste modèle des médicaments essentiels de l'OMS (***Cf. Pour aller plus loin « 5 »***).

Pour conclure

L'histoire de la découverte de l'artémisinine est emblématique de la recherche de nouveaux médicaments d'origine naturelle pour deux raisons principales.

La première tient à l'isolement de cette molécule à partir d'une plante chinoise connue depuis 2000 ans, en utilisant les données de la médecine traditionnelle. S'appuyer sur les connaissances anciennes est un outil qui peut être très utile dans la découverte de médicaments d'origine végétale et/ou animale… à condition de ne pas tomber dans le dogmatisme et de conserver son esprit critique. La tradition n'a en effet pas toujours raison : l'histoire de la pervenche tropicale, présentée également dans ce livre (*cf. Les vinca alcaloïdes*), montre qu'elle peut aussi se tromper. Ces données du passé doivent guider le chercheur dans sa démarche qui consistera rapidement à confirmer ou infirmer, avec les moyens scientifiques d'aujourd'hui, le bien-fondé des indications d'hier.

La seconde tient à la structure de l'artémisinine, tout à fait originale, et qui a servi ensuite de modèle aux pharmacochimistes pour imaginer de nouvelles molécules. Les molécules naturelles, souvent d'une grande originalité, sont donc une source capitale de diversité chimique. Depuis la découverte de l'artémisinine et du caractère indispensable à l'activité antipaludique de sa fonction peroxyde, des centaines, voire des milliers de molécules de synthèse présentant une fonction peroxyde ont été préparées sur ce modèle structural.

Quelle place tiendront à l'avenir les dérivés de l'artémisinine dans la lutte contre le paludisme ? Cela dépendra essentiellement de deux facteurs :

- l'extension des résistances du *Plasmodium* aux CTA, déjà constatées dans certaines zones géographiques ;
- la mise au point d'un vaccin vraiment efficace contre le paludisme. Selon l'OMS, plus d'une vingtaine de vaccins sont actuellement en cours d'évaluation clinique (donc sur l'Homme) ou préclinique avancée, mais aucun n'est à ce jour commercialisé. Les recherches les plus poussées concernent le vaccin RTS,S/AS01 (Mosquirix®), d'efficacité partielle, pour lequel l'OMS a annoncé en avril 2019 une nouvelle campagne d'essais,

à grande échelle (sur 360 000 enfants), au Malawi, au Kenya et au Ghana.

Pour le moment et sans doute encore pour de nombreuses années, les CTA continueront à jouer, comme traitement curatif uniquement, un rôle absolument primordial. Mais il est fort probable que les dérivés d'artémisinine ne se limiteront pas dans l'avenir à la seule lutte contre le paludisme. La synthèse, dans cette famille chimique, de nouveaux dérivés et leur étude pharmacologique concernent également d'autres parasitoses (résultats prometteurs dans les schistosomiases [bilharziose [3]], en association avec un antiparasitaire déjà utilisé, le praziquantel), mais aussi et surtout le domaine du cancer qui fait l'objet de plus en plus d'articles scientifiques rapportant des résultats encourageants. Il n'est donc pas impossible que l'activité antipaludique, seule application thérapeutique actuelle, ne soit que la face émergée de l'iceberg des autres applications potentielles à venir.

Quoi qu'il en soit, la découverte de l'artémisinine par Youyou Tu et son équipe comme celle de l'ivermectine, un autre composé antiparasitaire majeur d'origine naturelle, également présenté dans ce livre, ont été synonymes de progrès thérapeutiques considérables. L'Académie Nobel ne s'y est d'ailleurs pas trompée lorsqu'elle a décerné en 2015 son prix de physiologie ou médecine aux « découvreurs » de ces deux grands médicaments.

Je ne pouvais pas terminer cette histoire sans rendre hommage, à ma manière et donc de façon nettement moins académique, à cette grande scientifique, le Professeur Youyou Tu, et à sa découverte :

---

[3] Maladie parasitaire des régions tropicales et subtropicales due à un ver du genre *Schistosoma*. S'attrape lors de baignades ou de marches en eau douce et stagnante. C'est la plus répandue des maladies parasitaires après le paludisme.

Vous l'avez aimée dans :
Youyou Tu et l'armoise magique

Vous l'avez adorée dans :
A la poursuite du Qinghaosu

Vous l'avez admirée dans :
Youyou Tu et les lauriers de Stockholm

Retrouvez la saga. Déjà disponible sur ▶ YouYouTube

L'ARTÉMISININE ET SES DÉRIVÉS
Pour aller plus loin

Pour aller plus loin « 1 »

Le paludisme (*malaria* pour les Anglo-Saxons) est une maladie infectieuse due à un protozoaire parasite du genre *Plasmodium*. Cinq espèces sont incriminées dans le paludisme chez l'Homme, qui sévit dans 91 pays du monde : *P. falciparum*, le plus répandu sur le continent africain et responsable de la plupart des cas mortels dans le monde ; *P. vivax*, prédominant hors d'Afrique (Asie et Amériques) ; *P. ovale*, *P. malariae* et *P. knowlesi*. Le paludisme est transmis à l'Homme par la piqûre d'un moustique femelle du genre *Anopheles* (anophèle) qui constitue donc le vecteur de la maladie.

L'un des premiers traitements efficaces du paludisme a été un composé naturel, la quinine, alcaloïde extrait du quinquina. De nombreux antipaludiques de synthèse ont par la suite été conçus, dont certains en s'inspirant du modèle structural de la quinine (par exemple la chloroquine ou l'amodiaquine). Malheureusement des résistances du parasite à ces médicaments sont apparues avec le temps.

Outre les traitements curatif et préventif par des médicaments antipaludiques, l'autre stratégie utilisée contre cette maladie passe par la lutte antivectorielle (insecticides en pulvérisation et en imprégnation de moustiquaires).

Selon les derniers chiffres indiqués par l'OMS pour l'année 2017 (assez stables depuis 2015), 219 millions de personnes (contre 233 millions en 2000) ont contracté le paludisme dont 92% en Afrique (quasi exclusivement à *P. falciparum*) et 5% en Asie du Sud-Est. 435 000 personnes (contre 985 000 en 2000) sont décédées dont 93% en Afrique.

Pour aller plus loin « 2 »

Les premiers extraits de *Qinghao*, préparés selon le procédé classique avec de l'éthanol, n'avaient donné sur l'animal que des résultats faiblement positifs. L'utilisation de l'éther éthylique, un solvant de bas point d'ébullition et donc facilement éliminable par évaporation, permettait d'opérer à plus basse température qu'avec l'éthanol, ce qui s'avéra déterminant pour la conservation de l'activité de la plante. Youyou Tu explique que l'idée de travailler à basse température lui était venue de la lecture des écrits de Ge Hong qui recommandait de préparer l'extrait de *Qinghao* avec de l'eau à température ambiante et non par décoction (eau à ébullition) comme avec la majorité des plantes.

Pour aller plus loin « 3 »

L'artémisinine est ce que l'on appelle un sesquiterpène lactonique :

- sesquiterpène car possédant un squelette à 15 atomes de carbone (dans le très vaste groupe des terpènes, composés dont le nombre de carbones est un multiple de 5, chaque sous-catégorie est désignée par un nom distinct : par exemple monoterpènes (10 carbones), diterpènes (20 carbones) ;
- lactonique correspondant à la fonction ester cyclique (appelée lactone).

Mais sa particularité de structure indissociable de son activité antipaludique est la présence de la fonction peroxyde (–O–O–). Comme cette fonction est incluse dans un cycle (nommé trioxane car comprenant trois atomes d'oxygène), elle s'appelle plus précisément fonction endoperoxyde.

artémisinine
activité : +++

désoxyartémisinine
activité : 0

Si plusieurs théories s'affrontent encore au sujet du mécanisme d'action de l'artémisinine sur le *Plasmodium*, le seul point qui fait l'unanimité est, au démarrage, la coupure de la liaison entre les deux oxygènes de la fonction peroxyde. Cette coupure est dite homolytique car se faisant « équitablement » avec conservation par chacun des deux atomes d'oxygène d'un des deux électrons de la liaison, aboutissant à une espèce extrêmement réactive car contenant des radicaux libres. Précisons juste pour information que le mode le plus fréquent de coupure d'une liaison est dit hétérolytique : dans ce cas, les deux électrons de la liaison partent sur le même atome qui se charge alors négativement, l'autre atome auquel il manque donc un électron étant chargé positivement. Une coupure homolytique engendre donc des radicaux libres et une coupure hétérolytique des ions.

La transformation chimique (par une réaction dite de réduction) de l'artémisinine en désoxyartémisinine (dans laquelle la fonction endoperoxyde a été remplacée par une fonction éther), supprime toute activité antipaludique, ce qui prouve que la fonction peroxyde est indispensable à l'activité.

Pour aller plus loin « 4 »

La dihydroartémisinine (DHA) est obtenue par hydrogénation (gain de deux atomes d'hydrogène correspondant là encore à une réaction de réduction) au niveau de la fonction lactone de l'artémisinine. La DHA réagit ensuite sur la fonction OH résultant de l'hydrogénation en fournissant des composés appelés éthers de DHA (artéméther, artééther) de nature lipophile et un composé ester ionisé sous forme de sel (artésunate), hydrophile. Une fois administrés au malade, ces trois composés libèrent dans l'organisme la DHA qui est le véritable principe actif. Ces trois composés sont donc des prodrogues (ou précurseurs pharmacologiques) de la DHA dont ils ne constituent qu'une forme d'administration.

artémisinine

dihydroartémisinine

R = Me   artéméther
R = Et   artééther

artésunate de sodium

Pour aller plus loin « 5 »

Les CTA (Combinaisons Thérapeutiques à base d'Artémisinine) ou ACT (*Artemisinin-based Combination Therapy*) constituent pour l'OMS le traitement curatif (par voie orale) de première intention du paludisme à *P. falciparum*.

Elles sont actuellement au nombre de six, dont cinq (signalées ainsi * ci-dessous) sont inscrites sur la Liste modèle des médicaments essentiels de l'OMS [1] :

- artéméther-luméfantrine* (Coartem®, Riamet®) ;
- dihydroartémisinine-pipéraquine* (Eurartesim®) ;
- artésunate-amodiaquine* ;
- artésunate-méfloquine*;
- artésunate-pyronaridine*;
- artésunate-sulfadoxine-pyriméthamine.

Dans le traitement des formes sévères ou multirésistantes de paludisme à *P. falciparum*, on utilise l'artéméther (soluté huileux en injection IM = intramusculaire, Paluther®) et surtout l'artésunate* (soluté aqueux en injection IV = intraveineuse, Malacef®), ce dernier étant désormais le traitement de choix chez l'adulte et chez l'enfant.

---

[1] Pour l'OMS, les médicaments essentiels sont ceux qui répondent aux besoins de santé prioritaires d'une population. Ils sont sélectionnés en fonction de la prévalence des maladies, de l'innocuité, de l'efficacité et d'une comparaison des rapports coût-efficacité. Depuis 1977, l'OMS publie tous les deux ans sa Liste modèle des médicaments essentiels (depuis 2007, paraît aussi une Liste des médicaments essentiels destinés aux enfants de moins de 12 ans).

LA CAMPTOTHÉCINE ET SES DÉRIVÉS
Pathologie concernée : le cancer

UN GROS PROBLÈME DE COUPER-COLLER

Pour commencer...

Nous sommes au milieu des années 1980 et quatre biologistes américains, deux chercheurs académiques, Yaw-Huei Hsiang et Leroy Liu, de la *John Hopkins School of Medicine* de Baltimore et deux industriels, Robert Hertzberg et Sidney Hecht, du laboratoire pharmaceutique Smith Kline and French n'en reviennent pas de constater à quel point elles semblent intimes, ces deux-là. Ces deux-là, ce sont des molécules : la première, la camptothécine, est un composé d'origine végétale ; la seconde, la topoisomérase I, est une enzyme indispensable au bon fonctionnement de l'ADN. Elles se connaissent pourtant depuis la fin des années 1950, ça fait déjà plus de 25 ans, mais elles ont tout caché et personne ne s'est jamais douté de quoi que ce soit. C'est l'histoire de ces deux molécules, ce qui les relie et les conséquences pour la thérapeutique que je vais vous raconter.

La camptothécine

Pour la camptothécine, tout commença en 1957 avec la récolte de feuilles d'un arbre chinois, *Camptotheca acuminata* (famille des Nyssacées, aujourd'hui Cornacées), originaire de provinces du sud de la Chine, en particulier le Sichuan.

Fermez les yeux et imaginez les paysans chinois détachant les délicates feuilles de l'arbre selon un rite millénaire. Une fois la collecte terminée, ils regagnent leur village ancien si typique avec ses petites ruelles et sa maison de thé traditionnelle. Au loin, les montagnes embrumées abritent peut-être des pandas géants et, ici et là, quelques anciens monastères en bois.

Rouvrez les yeux car ça ne s'est en fait pas du tout passé comme cela. Nous sommes à Chico en Californie, dans un jardin botanique de l'USDA (Ministère de l'Agriculture des États-Unis) qui avait hérité depuis le début des années 50 de quelques pieds de cet arbre dont des graines avaient été introduites à plusieurs reprises aux États-Unis depuis 1911. Une fois les feuilles récoltées, les employés sont sans doute allés manger au restaurant le plus proche : sur la table un hamburger et une boisson gazeuse locale à base d'extrait de kola ; le juke-box, en fond sonore, déverse du Gene Vincent chantant Be-Bop-A-Lula.

Plus sérieusement, cette récolte fut effectuée dans le cadre d'un vaste programme de recherche de nouvelles sources naturelles de cortisone, ou plutôt de composés, appelés sapogénines stéroïdiennes, et pouvant être des matières premières intéressantes pour la fabrication de médicaments à squelette stéroïde (*Cf. Pour aller plus loin « 1 »*).

Cette imposante étude, dirigée par Monroe Wall de l'*Eastern Regional Research Laboratory* de l'USDA à Philadelphie, porta sur des milliers d'espèces végétales. Pour valoriser l'étude, sur chaque extrait alcoolique préparé à partir d'une espèce furent aussi réalisés des tests chimiques très simples permettant de connaître la présence ou l'absence de molécules se rattachant aux groupes phytochimiques les plus fréquents (alcaloïdes, polyphénols…). Mais ce fut la décision de soumettre certains des extraits à une recherche d'activité, antibiotique, antivirale et cytotoxique qui fut capitale pour la suite des événements (***Cf. Pour aller plus loin « 2 »***).

En effet, sur le millier d'extraits alcooliques qui furent testés en 1958 au NCI (*National Cancer Institute*), seul l'extrait de *Camptotheca acuminata* révéla une forte activité sur un test *in vitro* de cytotoxicité [1].

---

[1] La mesure de la cytotoxicité d'une molécule ou d'un extrait fait partie des études dites *in vitro*. Elle n'exige qu'une faible quantité d'échantillon (quelques mg) et s'effectue de nos jours généralement sur différentes cultures de lignées cellulaires cancéreuses humaines (jusqu'à 60 dans le screening du NCI). En cas de réponse intéressante, l'étude se poursuit alors par la recherche d'une activité antitumorale réalisée cette fois sur l'animal (études dites *in vivo*), le plus souvent

Monroe Wall déménagea alors en Caroline du Nord, pour y monter le *Research Triangle Institute*, un laboratoire spécialisé dans l'étude des produits naturels et travaillant en étroite collaboration avec le NCI. Quelques années plus tard, en 1964, Mansukh Wani rejoignait le groupe de Monroe Wall pour une collaboration scientifique qui s'avérera très fructueuse puisque ces deux noms, Wall et Wani, resteront entre autres toujours associés à la découverte de la camptothécine et surtout du taxol.

L'étude de la plante qui aboutira à l'isolement de la camptothécine fut conduite sur 20 kg de bois et d'écorces de tronc. L'intérêt respectif des différents extraits successivement obtenus fut évalué selon le principe du fractionnement bio-guidé, c'est-à-dire en s'appuyant ici sur un test *in vivo* d'activité antitumorale permettant de connaître dans quelles fractions se concentrai(en)t la ou les molécules les plus actives.

Le principal composé responsable de l'activité fut isolé, c'était un alcaloïde que l'on appela camptothécine. Sa structure, déterminée grâce aux méthodes de chimie structurale classiques, fut publiée en 1966 ; deux très proches analogues de la camptothécine, dont la 10-hydroxycamptothécine, furent également isolés à l'état minoritaire et décrits en 1969 (***Cf. Pour aller plus loin « 3 »***).

Les études *in vivo*, qui consistaient à mesurer, sur des souris auxquelles avaient été greffées des cellules de leucémies ou de tumeurs solides [2], la durée de vie avec ou sans camptothécine ou ses dérivés, confirmèrent la très forte activité de la camptothécine ; l'analogue 10-hydroxy se révéla même encore plus actif mais, en raison des faibles quantités disponibles de ce dérivé, il ne fut pas retenu pour la suite des études.

---

la Souris. Notons que l'utilisation dans le cas du fractionnement bio-guidé de *C. acuminata* d'un test antitumoral *in vivo* et non d'un test de cytotoxicité *in vitro* reste assez exceptionnelle.

[2] Les premières études *in vivo* sur la camptothécine furent effectuées sur des souris porteuses de la leucémie L1210 (c'était déjà le test utilisé dans le fractionnement bio-guidé) puis confirmées sur des souris porteuses de la leucémie P388 et du mélanome B16.

Les résultats très positifs sur l'animal incitèrent le NCI à entreprendre sans tarder des essais sur l'Homme malgré un problème technique important lié à la très grande insolubilité de la camptothécine dans l'eau et quasiment dans tous les solvants. Des réponses au traitement furent observées, surtout sur des cancers du tube digestif ; malheureusement, ces réponses étaient trop partielles, et accompagnées d'une assez forte toxicité (surtout hématologique). Ces médiocres résultats cliniques ainsi que les gros problèmes liés à l'insolubilité de la camptothécine et de surcroît l'absence de connaissance précise de son mécanisme d'action expliquèrent le quasi-abandon du projet vers 1971-1972.

La topoisomérase I

Si c'était du théâtre, ce serait du vaudeville avec le mari qui entre en scène par la porte de droite quand l'amant la quitte par la porte de gauche. Cela s'est en effet passé à peu près ainsi dans l'histoire qui nous intéresse puisque les deux premières publications sur les topoisomérases (qui n'ont été dénommées ainsi qu'en 1978) sont parues au début des années 1970. Elles portaient respectivement sur la découverte d'une enzyme bactérienne d'*Escherichia coli* (par James Wang) d'une part et de celle d'une souris (par James Champoux et Renato Dulbecco) d'autre part : en 1971 pour la première et en 1972 pour la seconde, soit au moment même où le développement de la camptothécine s'arrêtait. Ainsi, pendant que la camptothécine quittait la scène sur la côte Est (au NCI à Bethesda), les premières topoisomérases, et donc la cible de la camptothécine, étaient découvertes sur la côte Ouest (à Berkeley et à San Diego) !

Avant de présenter les topoisomérases et d'expliquer très sommairement leurs fonctions, il est nécessaire de faire quelques rappels, là aussi très succincts, sur l'ADN ou acide désoxyribonucléique. Support de l'information génétique, cette macromolécule, constituant principal des chromosomes, se présente sous la forme de deux brins constitués chacun d'unités appelées nucléotides ; ces deux brins sont enroulés l'un autour de l'autre en double hélice. Cette double hélice, par surenroulement supplémentaire, se retrouve dans un état d'enchevêtrement extrême. La conséquence en est une réduction de volume considérable permettant aux chromosomes de tenir dans le noyau cellulaire (ainsi chacun de nos 46 chromosomes mesure dans le noyau de la cellule quelques microns = millionièmes de mètre alors que, complètement déroulé, il atteindrait plusieurs cm de long !).

La division d'une cellule mère en deux cellules filles nécessite préalablement la duplication de chaque chromosome et donc le doublement du stock d'ADN : c'est ce que l'on appelle la réplication de l'ADN. C'est au cours de la réplication (mais aussi en d'autres circonstances dont nous ne parlerons pas pour simplifier) qu'interviennent les topoisomérases. Pour comprendre de façon imagée comment se fait la réplication, rien de mieux que la comparaison avec une fermeture éclair.

Imaginons donc une fermeture éclair nue (sans tissu autour) en position fermée représentant l'ADN avec ses deux brins. En ouvrant progressivement cette fermeture, vous détachez petit à petit l'une de l'autre les deux moitiés de la fermeture éclair, c'est-à-dire les deux brins de l'ADN. Pour chaque brin libéré, la réplication consiste alors à reconstituer l'autre brin pour donner à la fin du processus deux ADN fils identiques entre eux et identiques à l'ADN de départ. Pour que le processus aille à son terme, il faut que les deux brins de l'ADN de départ puissent se détacher l'un de l'autre. Revenons à la fermeture éclair avec deux cas de figure possibles :

- soit elle est légèrement enroulée en spirale sur toute sa longueur et vous n'aurez aucun problème à l'ouvrir entièrement ;
- soit elle est complètement roulée en boule d'une manière inextricable et, très rapidement, la séparation en deux moitiés va bloquer, la fermeture éclair étant trop enchevêtrée.

Dans l'ADN, c'est exactement le second cas de figure qui se produit. Comment continuer alors la séparation des deux brins sans, en quelque sorte, faire des nœuds ? En diminuant l'enchevêtrement. Comment ? En coupant provisoirement sur un brin une liaison entre deux atomes pour réaliser une brèche qui permettra de différentes façons de « relaxer » et « désenchevêtrer » un peu la structure. Une fois cette opération réalisée, la liaison rompue est recréée, ça s'appelle la religation, et la brèche est donc refermée.

Cette double opération, parfaitement résumée par l'expression de COUPER-COLLER est effectuée par des enzymes appelées topoisomérases (rappelons juste qu'une enzyme, par définition, catalyse une réaction chimique ; à la fin du processus, elle se retrouve intacte, prête à recommencer son activité). Quand la double opération de couper-coller est réalisée, comme décrite ci-dessus, sur un seul brin d'ADN à la fois, les enzymes s'appellent topoisomérases I et ce sont elles qui ont été découvertes en 1971 et 1972 ; quand elle se fait sur les deux brins en même temps, ce sont les topoisomérases II qui ont été isolées quelques années plus tard.

Sitôt connues, ces enzymes apparurent comme des cibles intéressantes en cancérologie. En effet, toute substance qui s'oppose à l'action indispensable des topoisomérases ou la contrarie, nuit au bon fonctionnement de l'ADN et en particulier à sa réplication. Cette substance a donc toutes les chances d'être cytotoxique et donc potentiellement intéressante en chimiothérapie anticancéreuse. D'ailleurs, en découvrant l'existence de ces deux types de topoisomérases, l'on s'est aperçu que les anthracyclines, des anticancéreux déjà très utilisés et pour lesquels un autre mécanisme d'action était depuis longtemps proposé, agissaient en fait en inhibiteurs de la topoisomérase II. Par contre, aucune inhibition de la topoisomérase I n'avait été décrite avant que l'étude des quatre scientifiques, citée dans l'introduction, ne rapporte celle exercée par la camptothécine. Le mécanisme de l'inhibition fut ensuite bien élucidé : en se fixant non pas sur la topoisomérase I libre, mais sur celle liée à l'ADN, ce dernier ayant donc déjà subi la coupure, la camptothécine stabilise le complexe entre la topoisomérase I et l'ADN, entraînant ainsi des coupures irréversibles de l'ADN qui empêchent la reconstitution de la structure en double hélice et provoquent la mort cellulaire. On peut dire pour schématiser que la fonction COUPER-COLLER de la topoisomérase I se réduit alors essentiellement, en présence de camptothécine, à la simple fonction COUPER (*Cf. Pour aller plus loin « 4 »*).

La démonstration de cette inhibition de la topoisomérase I, une cible pharmacologique non encore exploitée en chimiothérapie anticancéreuse, réactiva considérablement dans le monde les recherches autour de la camptothécine. Pour autant, ce composé n'en demeurait pas moins trop toxique et trop insoluble pour être développé lui-même. En se souvenant que l'analogue naturel minoritaire, la 10-hydroxycamptothécine, avait été trouvé plus actif que la camptothécine, des composés originaux, plus hydrosolubles et d'activité supérieure furent préparés à partir de la camptothécine, sur le modèle de cet analogue. Deux d'entre eux furent retenus, développés et commercialisés, l'irinotécan (Campto®) en 1995 dans le cancer colorectal et le topotécan (Hycamtin®) en 1996 dans le cancer de l'ovaire (*Cf. Pour aller plus loin « 5 »*). Aujourd'hui, un certain nombre d'autres analogues de la camptothécine (on les appelle les « técans ») sont en développement clinique.

Pour conclure

Je parlais précédemment de vaudeville pour illustrer la quasi parfaite concomitance entre l'arrêt provisoire du développement de la camptothécine et la découverte de sa cible, sans savoir bien sûr à l'époque qu'il s'agissait de sa cible. On pourrait aussi évoquer le théâtre pour enfants : en effet, en refaisant l'histoire de ces années 1971-1972, on aurait envie, comme à Guignol, de crier aux chercheurs du NCI de Bethesda : « là-bas, regardez là-bas du côté de la Californie, il y a une découverte qui devrait vous intéresser ! ». On aurait ainsi gagné pas loin de 15 ans pour établir le lien entre l'enzyme et son inhibiteur !

Enfin, en empruntant une dernière fois au monde du spectacle, l'on peut dire aussi que le mécanisme d'action de la camptothécine fait penser à une très banale tragédie sentimentale. Voici en effet deux protagonistes, l'ADN et la topoisomérase I, qui se connaissaient depuis toujours et formaient un couple solide. Malheureusement, ils s'étaient installés dans une certaine monotonie, tous les jours se ressemblaient, avec la même répartition des tâches : à moi la réplication, à toi le couper-coller. Arriva le troisième larron, l'inhibiteur, et tout se dérégla, tout alla de travers. La topoisomérase perdit la tête, ne fut plus vraiment à ce qu'elle faisait, oublia la moitié du boulot, coupa mais ne recolla plus, et ce fut la catastrophe. Tout du moins pour l'ADN car pour la chimiothérapie anticancéreuse, ce fut au contraire une bonne nouvelle.

LA CAMPTOTHÉCINE ET SES DÉRIVÉS
Pour aller plus loin

Pour aller plus loin « 1 »

Les sapogénines stéroïdiennes sont des composés d'origine végétale possédant, comme leur nom l'indique, le squelette stéroïde présent dans plusieurs classes de médicaments (anti-inflammatoires stéroïdiens dérivés de la cortisone, androgènes, œstrogènes, progestatifs…). Aujourd'hui encore ces médicaments sont majoritairement fabriqués par hémisynthèse, c'est-à-dire par transformation chimique et microbiologique de matières premières naturelles (végétales : sapogénines, phytostérols [= stérols végétaux comme le stigmastérol et le sitostérol] ; animales : cholestérol, acides biliaires).

Pour aller plus loin « 2 »

Ces tests chimiques simples à mettre en œuvre (au laboratoire ou parfois même sur le terrain) constituent ce que l'on appelle le screening (en français criblage, tri). Ce screening chimique permet, à l'aide de réactions colorées et/ou de précipitation effectuées sur un extrait de l'échantillon, d'avoir vite et facilement une idée, même approximative, sur la présence ou non de telle ou telle famille de composés. Il existe également un screening biologique, toujours effectué lui au laboratoire, permettant de détecter une activité (cytotoxique, antibactérienne, d'inhibition de telle ou telle enzyme, etc.). Depuis les années 1990, il existe un screening à haut débit (HTS = *High Throughput Screening*) permettant de tester de façon automatisée un très grand nombre d'échantillons en très peu de temps.

Pour aller plus loin « 3 »

Les alcaloïdes sont des composés organiques d'origine naturelle (le plus souvent végétale), azotés, plus ou moins basiques (= alcalins) par la présence d'une ou plusieurs fonctions amine, de distribution restreinte dans la Nature et pouvant posséder des propriétés pharmacologiques marquées à faible dose. Sous forme de bases, ils sont en général insolubles dans l'eau et solubles dans les solvants organiques lipophiles ; sous forme de sels, les solubilités sont inverses ; ils cristallisent enfin souvent à l'état solide. Les alcaloïdes donnent des réactions de précipitation avec plusieurs réactifs relativement spécifiques dits « réactifs généraux des alcaloïdes » : réactifs de Valser-Mayer, de Dragendorff. Ces réactions font partie des tests chimiques très simples mis en œuvre au tout début de l'étude d'une plante pour avoir une première idée de sa composition chimique.

L'un des critères de classification des alcaloïdes repose sur leur structure chimique (alcaloïdes indoliques, isoquinoléiques, quinoléiques, etc.).

Les alcaloïdes constituent une source importante de substances actives ou de matières premières pour des hémisynthèses. Les activités biologiques associées peuvent être intenses avec une prédilection pour le système nerveux central (morphine, atropine, alcaloïdes de l'ergot de seigle, etc.). Certains sont anticancéreux (alcaloïdes de la pervenche tropicale, etc.) ou encore antiparasitaires (quinine).

La camptothécine est un alcaloïde quinoléique pentacyclique (cycles A, B, C, D et E ; les cycles A et B constituent le noyau quinoléine). La fonction amine, sur le noyau quinoléine, est très faiblement basique. Comme le second atome d'azote appartient à une fonction lactame, non basique, au total la camptothécine n'est que très peu basique et n'est donc pas salifiable. Conséquence : la camptothécine qui est extrêmement peu soluble dans presque tous les solvants ne peut pas non plus être solubilisée dans l'eau sous forme de sel.

La camptothécine et ses dérivés

camptothécine

10-hydroxycamptothécine

Pour aller plus loin « 4 »

Chaque brin d'ADN est constitué d'une suite de nucléosides (un nucléoside est une base [adénine, cytosine, guanine et thymine] liée à un sucre (le désoxyribose). La cohésion et donc la continuité de chaque brin d'ADN sont dues au fait que les deux sucres de deux nucléosides voisins d'un même brin sont liés chacun par une fonction ester à une même molécule d'acide phosphorique, pour former un nucléotide.

Lorsque la topoisomérase I entre en jeu, elle crée avec l'acide phosphorique une nouvelle fonction ester à la place d'une des fonctions ester qui existait avec un sucre et qui donc se rompt : en chimie cette réaction s'appelle une transestérification.

Il y a donc apparition d'une brèche dans le brin, c'est la réaction de coupure.

Après relaxation de l'ADN grâce à la présence de cette brèche, la liaison qui avait été coupée se reconstitue par une nouvelle réaction de transestérification entre le sucre et l'acide phosphorique.

La brèche est refermée, c'est la réaction de religation et la topoisomérase se détache de l'ADN.

Pour résumer, l'action de couper-coller de la topoisomérase I correspond à deux réactions successives et inverses de transestérification avec l'acide phosphorique : la première où la topoisomérase prend la place d'un sucre auprès de l'acide phosphorique ; la seconde où le sucre rétablit sa liaison avec l'acide phosphorique en libérant la topoisomérase.

En présence de camptothécine, la seconde réaction de transestérification ne se fait pas ou très lentement.

La brèche est donc maintenue et l'ADN fragilisé se casse de façon irréversible.

Pour aller plus loin « 5 »

camptothécine

irinotécan

topotécan

L'irinotécan et le topotécan possèdent chacun par rapport à la camptothécine une fonction aminée supplémentaire salifiable (marquée d'un * sur les formules). Ce sont des sels de ces deux molécules, beaucoup plus hydrosolubles que la camptothécine, qui sont utilisés.

L'irinotécan est ce qu'on appelle une prodrogue (ou précurseur pharmacologique). Une fois dans l'organisme, l'irinotécan perd par métabolisation le fragment délimité par une accolade sur la figure. Cette élimination libère un dérivé de la 10-hydroxycamptothécine dénommé SN-38 qui est le vrai principe actif. Aujourd'hui, l'irinotécan (sous forme de chlorhydrate trihydraté) est indiqué, par voie IV, seul ou en association (selon le contexte, avec le 5-fluorouracil et l'acide folinique, ou avec le cétuximab, ou avec la capécitabine, ou avec le bévacizumab) dans le traitement des cancers colorectaux avancés.

Le topotécan (aussi appelé topotécane) est, contrairement à l'irinotécan, le véritable principe actif par lui-même car il contient déjà le groupe OH en 10. Aujourd'hui, le topotécan (sous forme de chlorhydrate) est indiqué, par voie orale et par voie IV, dans le cancer du poumon à petites cellules en rechute et, par voie IV seulement, dans le cancer de l'ovaire métastatique et dans le cancer du col de l'utérus, en association avec le cisplatine.

LA CYCLOPAMINE
Pathologie concernée : le cancer

L'AGNEAU, LA MOUCHE ET LE HÉRISSON

Pour commencer...

– S'il vous plaît... dessine-moi un mouton !

– Hein !

– Dessine-moi un mouton...

– Mais... qu'est-ce que tu fais là ?

– S'il vous plaît... dessine-moi un mouton...

Alors j'ai dessiné.

Il regarda attentivement, puis :

– Non ! Celui-là est déjà très malade. Fais-en un autre.

En me demandant pourquoi il lui trouvait l'air malade, j'en griffonnai un second où, pour le coup, le mouton n'avait vraiment pas l'air bien.

Et je lançai :

– Ça c'est le mouton, mais il n'a qu'un seul œil.

Mais je fus bien surpris de voir s'illuminer le visage de mon jeune juge :

– *C'est tout à fait comme ça que je le voulais !* Il est exactement comme celui que j'ai vu tout à l'heure dans le pré.

Ce clin d'œil (si j'ose dire !) à Saint-Exupéry (*les phrases en italiques sont extraites du Petit Prince*) ne se situe pas au Sahara comme dans l'œuvre originale, mais aurait pu se passer dans le nord-ouest des États-Unis dans les années 1950. Non pas dans le Montana, célèbre depuis 1998 par son cow-boy, Robert Redford, qui murmurait à l'oreille des chevaux, mais dans l'état voisin de l'Idaho. Ce n'était pas d'oreille de chevaux qu'il s'agissait alors, mais d'œil de jeunes agneaux. Et si je parle d'œil au singulier, c'est que cet État se singularisait alors (il s'en serait bien passé) par sa capacité à y faire naître des agneaux à un seul œil, des cyclopes par conséquent. Si j'ai employé un peu plus tôt le conditionnel, c'est qu'il aurait été très peu vraisemblable que notre Petit Prince au pays des cow-boys croise dans les prés un mouton cyclope, cette malformation entraînant le plus souvent la mort du fœtus pendant la grossesse ou de l'agneau juste après la naissance. C'est donc l'histoire de ces tout jeunes moutons, non pas à cinq pattes mais à un seul œil, et ses prolongements jusqu'à aujourd'hui, que je vais maintenant vous raconter. Alors, à cheval et en route pour le Far West !

La traque du coupable

Si l'étrange affaire des agneaux cyclopes de l'Idaho a éclaté dans les années 1950, c'était depuis longtemps, le début du siècle, qu'il avait été remarqué le fait suivant : des brebis qui paissaient l'été en altitude dans certaines régions de cet État donnaient naissance à des agneaux atteints de malformations de la face et du crâne, en particulier de cyclopie, l'œil unique étant surmonté d'une espèce de trompe (proboscis en terme savant). Dans certains troupeaux, jusqu'à 25% des naissances étaient concernées par cette étrange épidémie. La cause de ce phénomène ayant longtemps été supposée être d'ordre génétique, une certaine loi du silence régnait parmi les fermiers qui craignaient de voir dévaloriser l'ensemble de leurs troupeaux. En 1954, il fut cependant décidé de faire appel au PPRL (*Poisonous Plant Research Laboratory*), organisme dépendant de l'USDA (*United States Department of Agriculture* = Ministère de l'agriculture). Sous la direction de Wayne Binns, vétérinaire de formation, une enquête minutieuse, avec analyses d'eau, de sol et de plantes, fut menée pendant quatre ans, mais en vain. Jusqu'à ce jour de l'été 1958 où un berger raconta qu'il avait constaté que les brebis tombaient malades après avoir consommé une plante des prairies montagneuses appelée là-bas « *California corn lily ou California false hellebore ou skunk cabbage* », nom scientifique *Veratrum californicum*, famille des Liliacées (à l'époque car aujourd'hui rangée dans la famille des Mélanthiacées). Cette plante, le vératre de Californie, dont la responsabilité avait pourtant été écartée par les fermiers et les premiers enquêteurs fut alors soigneusement étudiée. Les signes d'empoisonnement de brebis par ingestion de cette plante en quantité suffisante furent observés (salivation excessive avec apparition de mousse autour de la bouche, vomissements, difficultés respiratoires...), confirmant le témoignage du berger. L'année suivante naissait le premier agneau cyclope, résultat d'une alimentation de la mère volontairement enrichie en *V. californicum* par le PPRL. Il fallut encore des années d'investigations pour arriver à préciser en 1965 que l'ingestion de ce vératre par la brebis était particulièrement toxique pour l'embryon entre le 8e et le 17e jour de gestation avec un pic de dangerosité le 14e jour. Ces conclusions, de nature expérimentale, seront par la suite parfaitement corrélées avec l'embryogenèse des ovins, ce créneau de jours correspondant au début de la formation du tube neural (= système nerveux primitif) chez l'embryon. La responsabilité de *V. californicum* étant désormais évidente, il restait à découvrir la ou les molécules responsables de ces malformations chez l'embryon (= effet tératogène). En 1966, Richard Keeler, chimiste à l'USDA et Wayne Binns décrivirent les trois alcaloïdes tératogènes qu'ils avaient isolés, dont le principal, jamais rencontré auparavant, fut appelé cyclopamine.

Sa structure, décrite par Keeler en 1969, est celle d'un alcaloïde stéroïdique. Si la cyclopamine présente un squelette hexacyclique (dont l'un portant un atome d'azote), quatre des six cycles correspondent, avec une petite modification, au squelette stéroïde que l'on trouve dans les hormones sexuelles, mâles et femelles (œstradiol, progestérone, testostérone), corticosurrénaliennes (aldostérone, cortisol) et dans les stérols (cholestérol par exemple) (*Cf. Pour aller plus loin « 1 »*).

Cette structure chimique de la cyclopamine engagera d'ailleurs la recherche de son mécanisme d'action sur la fausse piste d'une dérégulation des récepteurs aux hormones stéroïdiennes (les récepteurs des stéroïdes, appartenant à la catégorie des récepteurs nucléaires, sont des protéines auxquelles se lient préalablement les stéroïdes pour agir). Il faudra en fait attendre 30 ans (1996) pour arriver à élucider l'action tératogène de la cyclopamine. Trente ans au cours desquels la mouche et le hérisson de la phrase en exergue de ce chapitre allaient entrer en scène !

La génétique mène à tout, même aux jeux vidéo

En 1980, deux généticiens, l'allemande Christiane Nüsslein-Volhard et l'américain Eric Wieschaus publièrent ensemble un travail qui allait avoir au moins deux conséquences : d'une part, leur valoir en 1995 le prix Nobel de physiologie ou médecine, d'autre part, permettre indirectement d'expliquer le mécanisme tératogène de la cyclopamine. Le travail de ces deux chercheurs portait sur le développement embryonnaire d'une mouche très étudiée en génétique, la drosophile, *Drosophila melanogaster*, et plus particulièrement sur l'identification de certains gènes impliqués dans ce développement, dits gènes de segmentation. Ils avaient ainsi découvert que l'inactivation de l'un de ces gènes entraînait l'apparition de petites épines sur le corps de la larve, ce qui explique le nom anglais *hedgehog* (abréviation *Hh*), hérisson en français, attribué à ce gène. Entre 1993 et 1999, trois équivalents de ce gène *hedgehog* furent identifiés chez les mammifères et donc chez l'Homme par de brillants chercheurs… qui n'avaient pas oublié d'être facétieux. En effet deux de ces gènes, les *Desert hedgehog* (*Dhh*) et *Indian hedgehog* (*Ihh*), en français respectivement le hérisson du désert et le hérisson indien, furent ainsi dénommés par analogie avec deux noms d'espèces de hérisson. Le

La cyclopamine

troisième, celui qui s'avérera le plus important chez l'Homme, qui sera de loin le plus étudié et dont on comprendra le rôle, fut appelé *Sonic hedgehog* (*Shh*), par référence à *Sonic the hedgehog*, personnage tout bleu et à chaussures rouges et blanches d'une série japonaise de jeux vidéo luttant contre son ennemi, le méchant Docteur Robotnik !!!

Plus sérieusement, l'étude du gène *Shh* révéla qu'il devait impérativement être exprimé lors de l'embryogenèse car il était impliqué dans le développement de très nombreux systèmes et organes ainsi que dans ce qui a trait à l'organisation symétrique de l'organisme. Cela signifiait que tout ce qui nuisait à l'expression correcte de ce gène *Shh* chez l'embryon puis le fœtus avait de fortes conséquences sur leur développement normal. C'est le biochimiste Philip Beachy de la *John Hopkins University* de Baltimore, spécialiste de la voie de signalisation *hedgehog*, qui fera en 1996 le lien avec l'effet tératogène de la cyclopamine et expliquera le mécanisme d'action de cette dernière (*Cf.* ***Pour aller plus loin « 2 »***).

Si les années 1990 permirent de comprendre le mécanisme tératogène et donc très néfaste de la cyclopamine au cours de la gestation, c'est au début des années 2000 que l'on commença à envisager que cet alcaloïde pouvait être intéressant en thérapeutique. Si l'on put en effet montrer que le gène *Shh* conservait tout de même un certain rôle physiologique chez l'Homme après sa naissance, en particulier dans le contrôle de la division cellulaire, on put aussi et surtout prouver que la voie de signalisation *Shh* était surexprimée (= trop exprimée) dans plusieurs cancers de l'adulte et de l'enfant (par exemple le carcinome basocellulaire, le plus commun des cancers de la peau, le médulloblastome, cancer du cerveau le plus fréquent chez l'enfant ou encore le rhabdomyosarcome, cancer plus courant chez l'enfant que chez l'adulte). Cette constatation fit évidemment de la cyclopamine et de façon générale de tout inhibiteur de la voie *Shh* un composé potentiellement intéressant comme anticancéreux. La cyclopamine fut donc beaucoup étudiée *in vitro* puis sur l'animal avec souvent des résultats probants. Sur l'Homme cependant, les réponses ne furent pas satisfaisantes, peut-être en raison, entre autres, d'une stabilité insuffisante et d'une mauvaise biodisponibilité. Des dérivés hémisynthétiques de la cyclopamine furent synthétisés dont le saridégib = patidégib (DCI) qui bénéficie aujourd'hui en Europe et aux USA du statut de médicament orphelin dans le traitement par voie locale d'une maladie rare, le syndrome de Gorlin (*Cf. Pour aller plus loin « 3 »*).

À côté de dérivés de la cyclopamine, deux inhibiteurs de la voie *Shh*, agissant selon le mécanisme de la cyclopamine, mais de structure chimique très différente, sont aujourd'hui sur le marché : il s'agit du vismodégib (DCI) Erivedge® et du sonidégib (DCI) Odomzo® respectivement commercialisés depuis 2013 et 2015. Tous deux sont indiqués dans le traitement, par voie orale, des patients adultes présentant un carcinome basocellulaire localement avancé qui ne relève pas d'une chirurgie curative ou d'une radiothérapie (*Cf. Pour aller plus loin « 4 »*). Un troisième inhibiteur, le glasdégib (DCI) Daurismo®, a obtenu fin 2018 aux États-Unis son agrément dans le traitement de la leucémie myéloïde aiguë.

Pour conclure

Cette histoire, loin d'être terminée, illustre bien les aléas de la recherche et de la découverte de nouveaux médicaments. Recherche appliquée débouchant sur de la recherche théorique, mélange de disciplines (recherche vétérinaire, chimie, génétique, biologie moléculaire, etc.) collaborant à distance (dans l'espace et dans le temps), tout cela me semblait digne d'être raconté. Et puis, même s'il est très peu probable que la cyclopamine devienne un jour en tant que telle un médicament, lui consacrer ce chapitre apparaissait évident, en signe de reconnaissance du rôle majeur qu'elle a tenu dans la découverte et la compréhension d'une voie de signalisation, puis de sa fonction de modèle dans la mise au point de nouveaux médicaments anticancéreux. Comme le thalidomide, tristement célèbre dans les années 1960 pour son action tératogène mais utilisé aujourd'hui dans plusieurs indications (maladies auto-immunes, myélome multiple, etc.), on pourrait rattacher la cyclopamine à ces molécules à deux faces, ces molécules Janus, évoquant tour à tour le poison puis le remède (mais il est bien connu que les deux sont très souvent liés).

Il me semble difficile de conclure ce récit débuté, si j'ose dire, sous l'œil d'un mouton cyclope, sans évoquer en quelques mots le plus célèbre d'entre eux, LE Cyclope, Polyphème, qu'Ulysse rencontre dans l'*Odyssée*. Homère ne nous dit pas d'où Polyphème tire son infirmité qui

La cyclopamine

n'en était sans doute pas une là où il habitait, au pays des Cyclopes. Pourquoi les habitants de ce pays étaient-ils cyclopes, le *Veratrum californicum* s'y consommait-il en confiture au petit-déjeuner, ou bien y accompagnait-il les repas de fête ? Homère ne le précise pas. On sait seulement qu'il manquait à Polyphème un œil et sans doute aussi pas mal de neurones, ce qui permit à Ulysse de le berner et de lui échapper. Au fait, vous rappelez-vous comment Ulysse et ses compagnons se sont évadés de l'antre de Polyphème ? Cachés, accrochés sous les moutons et les brebis que le Cyclope faisait sortir tous les matins de sa grotte. Ça ne s'invente pas !

LA CYCLOPAMINE
Pour aller plus loin

Pour aller plus loin « 1 »

Pour la définition d'un alcaloïde, se reporter au chapitre : La camptothécine et ses dérivés. Pour aller plus loin « 3 ».

cyclopamine
squelette C-*nor*-D-*homo*-stéroïde

squelette des stéroïdes

La cyclopamine appartient à la famille des alcaloïdes stéroïdiques bien que ses cycles C et D soient différents de ceux du squelette stéroïde : les cycles C et D sont en effet respectivement pentagonal et hexagonal dans la cyclopamine alors que c'est l'inverse dans le squelette stéroïde. Ce type de squelette stéroïde modifié porte le nom de squelette C-*nor*-D-*homo*-stéroïde (*nor* indique, dans ce cas, la perte d'un carbone et *homo*, au contraire, le gain d'un carbone par rapport au squelette stéroïde de référence).

Certains alcaloïdes à squelette stéroïdique (mais vrai cette fois-ci) sont utilisés comme matières premières d'hémisynthèse pour la fabrication de principes actifs de médicaments stéroïdes (contraceptifs oraux, anti-inflammatoires dérivés de la cortisone par exemple).

Pour aller plus loin « 2 »

Un gène est un fragment d'ADN. Dire qu'un gène est exprimé signifie qu'il est « actif » et donne l'information nécessaire à la synthèse d'une ou plusieurs macromolécules (un ARN ou une protéine). S'il est réprimé au contraire, la synthèse ne se fait pas.

Voyons maintenant, le plus simplement possible, le principe de fonctionnement du gène *Shh*, ce que l'on appelle scientifiquement sa voie de signalisation : en effet rien n'est plus compliqué à décortiquer qu'une voie de signalisation sauf peut-être un circuit sophistiqué d'évasion fiscale !

Cette voie de signalisation commence donc au niveau du gène *Shh*, qui en quelque sorte donnera l'ordre initial, et se termine après de très nombreuses étapes (notamment l'activation de protéines dont certaines activent d'autres gènes exprimant d'autres protéines, etc.) par l'exécution de cet ordre dans une cellule. Dans toute cette chaîne très complexe, trois protéines situées très en amont (c'est-à-dire très tôt) dans la voie de signalisation, nous suffiront à comprendre l'essentiel :

- d'une part la protéine SHH ;
- d'autre part deux protéines (ce qu'on appelle des récepteurs), dénommées *Patched* (PTCH) et *Smoothened* (SMO).

Notons d'emblée que la poursuite de la voie de signalisation au-delà de la protéine SMO nécessite que cette dernière soit libre (= non couplée à une autre molécule). Deux cas de figure peuvent donc se produire :

1. le gène *Shh* est inactif (n'est pas exprimé) : dans ce cas, il ne code pas pour la protéine SHH qui n'est donc pas synthétisée. Les deux récepteurs PTCH et SMO, qui étaient couplés, le restent ce qui correspond à une mise au repos de SMO. Résultat : la voie de signalisation ne va pas plus loin.
2. le gène *Shh* est actif (est exprimé) : dans ce cas, il code pour la protéine SHH qui est donc synthétisée et qui va se fixer sur son récepteur PTCH. Cette fixation entraîne la rupture du couple de protéines PTCH-SMO ; cette dernière, « libérée », devient donc active ce qui permet la poursuite de la voie de signalisation.

La cyclopamine

Les expériences de Philip Beachy permettront de montrer que la cible de la cyclopamine est la protéine SMO. Cette dernière est, lors de l'embryogenèse, libérée de son couplage avec PTCH puisque nous sommes dans le second cas (gène *Shh* exprimé). Elle est donc un intermédiaire actif dans la voie de signalisation. Mais comme elle se retrouve de nouveau bloquée, cette fois-ci par fixation de la cyclopamine, elle est de nouveau inopérante. Conséquence : la voie de signalisation s'arrête comme si le gène *Shh* n'était pas exprimé.

Pour aller plus loin « 3 »

Pour résumer, en essayant de la simplifier, la définition du médicament orphelin qu'en donne le règlement du Parlement européen et du Conseil de l'Europe (n° 141/2000 du 16/12/1999), l'on peut dire qu'un tel médicament est destiné au diagnostic, à la prévention ou au traitement d'une maladie entraînant une menace pour la vie ou une invalidité chronique. Cette maladie :

- ne doit pas toucher plus de cinq personnes sur dix mille dans l'Union européenne (*notion de maladie rare*) ;
- ou bien doit être peu susceptible, en l'absence de mesures incitatives, de permettre la commercialisation dans l'Union européenne d'un médicament car ce dernier ne génèrerait pas des bénéfices suffisants pour justifier l'investissement nécessaire à sa découverte et à son développement (*notion d'incitation*) ;

Le règlement européen précise aussi qu'il ne doit pas exister pour cette maladie de méthode satisfaisante de diagnostic, de prévention ou de traitement déjà autorisée dans l'Union européenne (et s'il en existe, le nouveau médicament en question devra procurer aux malades un bénéfice notable).

Même si les critères chiffrés retenus pour définir une maladie rare peuvent varier selon les pays (États-Unis, Australie, Japon, etc.), les caractéristiques générales du médicament orphelin restent toujours à peu près les mêmes.

Le syndrome de Gorlin ou carcinome nævoïde basocellulaire est une maladie héréditaire qui se caractérise par un ensemble d'anomalies du développement et par une prédisposition à développer différents cancers.

Pour aller plus loin « 4 »

Il existe trois catégories de cancers de la peau : le carcinome basocellulaire, le carcinome épidermoïde (= carcinome spinocellulaire) et le mélanome. Le carcinome basocellulaire est le plus fréquent des trois : il ne métastase jamais, mais le risque de récidive locale est élevé en cas d'exérèse (= retrait par voie chirurgicale) incomplète.

LES DOLASTATINES
Pathologie concernée : le cancer

VINGT MILLE LIÈVRES SOUS LES MERS

Pour commencer...

La maison d'édition :
« Bonjour, ici la maison d'édition, c'est à quel sujet ?

Au bout du fil :
C'est à propos du manuscrit, Drôles d'histoires de médicaments d'origine naturelle, qui vous a été envoyé. Je voudrais être certain que je n'ai pas été oublié par l'auteur, un certain Guy Lewin.

La maison d'édition :
Mais qui êtes-vous ? Comment vous appelez-vous ?

Au bout du fil :
Le lièvre de mer.

La maison d'édition :
Lelièvre-Demaire en deux mots avec un tiret ?

Au bout du fil :
Mais pas du tout, le lièvre de mer, en quatre mots et sans tiret.

La maison d'édition :
Où habitez-vous, dans quel département ?

Au bout du fil :
Mais je n'habite pas en France et de toute façon, je vis sous la mer.

La maison d'édition :
Un lièvre sous la mer, et pourquoi pas un merlu à la montagne, pendant que vous y êtes. Enfin, soyez sérieux, je sais quand même où trouver un lièvre : à la campagne ou alors dans mon assiette, sous forme de civet ou de pâté.

Au bout du fil :
Mais enfin, je suis on ne peut plus sérieux, et mon histoire justifie tout à fait ma présence dans ce livre. Laissez-moi vous la raconter.

La maison d'édition :
Allez-y, que voulez-vous que je vous dise.

Au bout du fil :
En aparté : Là, je crois que j'ai marqué un point, je dirais même que je lui ai cloué le bec… de lièvre (Note de l'auteur : désolé pour ce jeu de mot trop facile, mais c'était si tentant). *Alors avant de vous raconter ce qui justifie ma présence dans ce livre, je vais commencer par vous parler de moi… »*

Un peu d'histoire-géo et de sciences de la vie pour commencer

Je suis donc un mollusque gastéropode marin dont le nom scientifique est *Dolabella auricularia* Lightfoot, famille des Aplysiidées (deux remarques au passage : 1) mon nom latin, qui permet de m'identifier sans équivoque, est important car d'autres espèces sont aussi appelées en français lièvre de mer ; 2) je dois ce nom latin à John Lightfoot, biologiste britannique du 18e siècle ; être un lièvre, même de mer, et avoir été décrit et nommé pour la première fois par un Monsieur Pied léger, ça ne s'invente pas !). Je vis en Mer Rouge, dans l'océan Indien et dans l'océan Pacifique tropical (Amérique centrale, Nouvelle-Calédonie, Polynésie française). Je peux atteindre jusqu'à 50 cm de long,

Les dolastatines

peser jusqu'à 500 g et mon corps est en forme de cône. Ma tête porte deux organes sensoriels (les rhinophores) rappelant les oreilles d'un lièvre, d'où mon nom, et bien entendu deux yeux et une bouche comme tout un chacun. Bien qu'hermaphrodite, ma reproduction nécessite deux partenaires. Je préfère ne pas en dire plus sur les conditions de cette reproduction, d'une part par pudeur, d'autre part parce que je tiens à ce que ce livre puisse être mis entre toutes les mains...

Bien avant que Lightfoot me décrive, j'étais déjà réputé pour ma toxicité. Rangé dans les animaux toxiques par le poète et médecin grec, Nicandre de Colophon (IIe siècle avant J.-C.), je fus même utilisé par Agrippine (selon certains historiens s'appuyant sur un texte de Pline l'Ancien) pour empoisonner l'empereur romain Claude en 56 après J.-C. et permettre l'accession au trône de Rome de son fils Néron. Beaucoup plus récemment, dans les années 1970, de nombreuses études rapportèrent ma toxicité et mes actions, notamment sur le cœur et les muscles. Malgré ce CV déjà bien rempli, ce sont les travaux de George Pettit, initiés en 1972 et aboutissant à l'identification d'une série de nouveaux constituants hautement cytotoxiques, les dolastatines, qui ont véritablement permis d'asseoir ma notoriété. C'est justement l'histoire de la découverte des dolastatines et de son seul prolongement thérapeutique pour le moment, le brentuximab védotine, mis sur le marché en 2012, qui va être résumée ci-dessous. Elle représente un travail « titanesque » qui illustre parfaitement tous les problèmes propres à la recherche de nouveaux médicaments à partir de sources naturelles : difficultés d'isolement, de purification et de détermination de structure dans un premier temps ; problèmes de réapprovisionnement à une échelle bien supérieure dans un second temps.

Une aiguille dans une meule de foin

C'est donc en octobre 1972 que George Pettit, professeur de chimie au *Cancer Research Institute* de l'*Arizona State University* à Tempe, décida d'élargir la recherche de nouvelles espèces marines potentiellement anticancéreuses à la zone de l'océan Indien jouxtant l'Île Maurice et l'Afrique du Sud. La réputation de longue date de la toxicité de *Dolabella auricularia* incita bien sûr le chercheur à s'intéresser à cette espèce. Les tout premiers extraits éthanoliques (= alcooliques) de lièvre de mer furent envoyés au NCI (*National Cancer Institute*) qui observa une forte activité (augmentation de la durée de vie) sur le modèle utilisé, une leucémie expérimentale de souris (leucémie P388), et considéra la poursuite de l'étude comme hautement prioritaire, ce qui nécessita la récolte (et donc la mort) d'un très grand nombre de lièvres de mer. Ces derniers étaient, soit extraits sur place avec de l'alcool dénaturé, soit expédiés sous éthanol en Arizona pour extraction au laboratoire. La montée en échelle des récoltes entre 1972 et 1982 fut particulièrement impressionnante, passant de quelques kilogrammes les premières années à 1,6 tonne en 1982 ! Bien que la conversion en nombre d'animaux soit difficile à faire, l'ensemble des récoltes a correspondu à des milliers et des milliers de lièvres de mer. De si importantes quantités à traiter s'expliquaient par la très faible concentration des substances actives, rendant leur extraction, leur purification puis leur détermination de structure extrêmement difficiles. La séparation des différents constituants de ce lièvre de mer, puis leur isolement à l'état pur, reposaient sur des successions d'extractions liquide-liquide puis de chromatographies, des méthodes de chimie extractive et analytique tout à fait classiques (*Cf.* ***Pour aller plus loin « 1 »***).

Les différents extraits obtenus au cours de tout ce processus de fractionnement étaient soumis au test de cytotoxicité (= toxicité cellulaire) sur cellules de leucémie P388. Ce suivi était indispensable car il permettait de savoir dans quels extraits se concentraient le ou les constituants les plus actifs, et il orientait donc les chimistes vers les extraits les plus intéressants à étudier : cette méthodologie de travail, classiquement utilisée en chimie d'extraction de substances naturelles, s'appelle le fractionnement bio-guidé. Au début des années 90, George Pettit avait ainsi déjà isolé et décrit une dizaine de composés dont les plus actifs, dénommés dolastatines suivies d'un numéro, étaient des oligopeptides, de structure linéaire ou cyclique (*Pour une présentation générale des peptides, cf. Insulines. Pour aller plus loin « 2 »*).

Les rendements en produits purs étaient extraordinairement faibles puisque la récolte de 1982 (1,6 tonne = 1 600 000 000 mg de lièvres de mer, certes humides) ne permit d'isoler à l'état pur que 29 mg de dolastatine 10 et 6 mg de dolastatine 15, pour ne citer que les deux dolastatines qui allaient s'avérer les plus actives ! L'isolement de ces composés purs et l'étude approfondie de leur activité cytotoxique étaient d'un grand intérêt, mais la détermination de leur structure l'était tout autant, si ce n'est davantage encore. En effet l'obtention de plus grandes quantités de ces composés ne pouvait passer que par la synthèse chimique, la récolte de quantités toujours plus importantes de *Dolabella auricularia* étant exclue pour de multiples raisons, dont des raisons écologiques bien évidentes (pour obtenir, par extraction de lièvres de mer, la quantité de dolastatine 10 nécessaire à des essais cliniques, c'est-à-dire effectués sur l'Homme, il aurait fallu récolter 700 tonnes d'animaux !!!).

Les structures des différentes dolastatines furent globalement élucidées par spectrométrie de masse et spectroscopie de RMN (Résonance Magnétique Nucléaire). Globalement signifie que Pettit et son équipe connaissaient presque toujours la structure plane des dolastatines (combien d'atomes, lesquels, et comment sont-ils reliés les uns aux autres), mais qu'il subsistait des ambiguïtés sur la structure dans l'espace (ce que l'on appelle la configuration absolue d'une molécule). Comme la méthode de diffraction des rayons X (qui fournit la structure dans l'espace d'un composé par « photographie » d'un de ses cristaux) ne put être utilisée dans le cas des dolastatines, faute d'isolement de cristaux, c'est la synthèse chimique qui allait permettre, en levant les équivoques, d'élucider totalement les structures. Ainsi, dès 1989, Pettit et son équipe décrivirent la première synthèse totale de la dolastatine 10 et du même coup sa configuration absolue. Plusieurs autres synthèses de ce composé furent effectuées par la suite dans le monde ; les travaux de synthèse portèrent sur les dolastatines jugées les plus intéressantes par les tests préliminaires (*Cf. Pour aller plus loin « 2 »*).

Des études détaillées de cytotoxicité, réalisées au NCI sur de nombreuses lignées de cellules cancéreuses humaines, confirmèrent le très grand potentiel anticancéreux de la dolastatine 10 et de la dolastatine 15. Leur mécanisme d'action fut élucidé : il s'agissait d'une action antimitotique, voisine de celle des vinca alcaloïdes (*cf. ce chapitre*), reposant sur l'inhibition de l'assemblage d'une protéine indispensable à la mitose, la tubuline, en microtubules (*Pour un rappel sur la mitose et les antimitotiques, se reporter au chapitre : Les vinca alcaloïdes. Pour aller plus loin « 3 »*).

L'action cytotoxique de la dolastatine 15 étant environ sept fois inférieure à celle de la dolastatine 10, c'est donc cette dernière qui fut retenue pour études complémentaires. Deux axes furent privilégiés :

- d'une part, des études dites de relations structure-activité, consistant : a) en la synthèse d'analogues de la dolastatine 10 possédant une structure voisine ; b) en la comparaison des activités biologiques de ces nouveaux composés par rapport à la molécule naturelle. Deux raisons principales motivaient ces études : identifier les éléments structuraux indispensables à l'activité de la dolastatine 10 et, en corollaire, découvrir des analogues de la dolastatine 10 au moins aussi actifs mais de structure plus simple et par conséquent plus faciles à synthétiser ;
- d'autre part, évidemment, des études de développement de la dolastatine elle-même (passage à l'animal puis essais sur l'Homme). Ces études allaient se révéler très décevantes puisque sur animaux (souris, rats, chiens) comme sur l'Homme (essais

cliniques de phase I) apparut malheureusement une assez forte myélotoxicité (toxicité sur la moelle osseuse, siège de la fabrication des cellules sanguines) nécessitant une limitation des doses administrées. Plus négatif encore, les essais cliniques de phase II, effectués sur des malades atteints de différents cancers, ne mirent en évidence aucune action antitumorale (peut-être en raison d'une posologie trop faible liée à la myélotoxicité) lorsque la dolastatine 10 était administrée seule (*Cf. Pour aller plus loin « 3 »*).

Tout ça pour ça serait-on tenté de dire ! Bien sûr, il restait la très grande prouesse des travaux d'isolement, de purification, de détermination des structures, de synthèse totale des dolastatines, mais au bout du compte, comme ces résultats cliniques étaient décevants !

L'histoire n'en resta pas là puisque l'un des analogues de la dolastatine 10 préparés lors des études de relations structure-activité, l'auristatine PE, fut sélectionné au vu de son action cytotoxique et révéla chez l'animal puis chez l'Homme (essais de phase I) une meilleure tolérance que la dolastatine 10. Une ultime modification de structure de l'auristatine PE engendra la monométhylauristatine E (MMAE) qui allait devenir le premier médicament anticancéreux issu de la découverte des dolastatines. Puisque, décidément, rien n'aura jamais été simple dans l'étude des dolastatines, ça n'est pas telle quelle que la MMAE est devenue le principe actif d'un médicament. En effet, afin de diminuer encore sa toxicité, elle fut associée à un anticorps monoclonal pour former ce qui s'appelle un immunoconjugué (en anglais *ADC, Antibody Drug Conjugate*), ici le brentuximab védotine (DCI). Ce dernier (Adcetris®) est depuis 2012 indiqué en cancérologie dans le traitement de certains lymphomes (*Cf. Pour aller plus loin « 4 »*).

Pour conclure

Il aura donc fallu attendre 40 ans pour qu'un premier principe actif résultant de l'étude chimique et biologique du lièvre de mer soit commercialisé pour son activité thérapeutique en cancérologie. D'autres immunoconjugués à base de MMAE sont en cours d'évaluation clinique, parmi lesquels le polatuzumab védotine qui bénéficie depuis 2018 dans l'Union européenne du statut de médicament orphelin pour le traitement d'un lymphome appelé lymphome diffus à grandes cellules B. Des analogues d'autres dolastatines sont également synthétisés et étudiés pour leurs activités biologiques.

Si le futur des dolastatines en thérapeutique réserve sans doute encore bien des surprises, celui de notre lièvre de mer s'annonce, heureusement pour lui, beaucoup plus calme et il peut à nouveau dormir... sur ses deux oreilles. D'autant plus que l'on sait depuis le début du nouveau millénaire que les dolastatines ne sont pas produites par le lièvre de mer lui-même mais par des cyanobactéries marines (autrefois appelées algues bleues), en particulier l'une qui porte le joli nom de *Caldora penicillata* (précédemment dénommée *Symploca sp.*), consommées par le mollusque. En 2001, des chercheurs des universités d'Hawaï et de Guam ont en effet extrait de cette cyanobactérie récoltée au large de l'archipel des Palaos, dans le Pacifique Ouest, de la dolastatine 10. Le rendement était dans ce cas très nettement supérieur à celui obtenu à partir du lièvre de mer (0,2% *versus* 0,000002% !).

L'avenir du lièvre de mer s'annoncerait donc parfaitement serein sans le petit problème suivant qui taraude notre cher mollusque : depuis quelque temps, un drôle d'individu prospecte au large de l'Île Maurice à la recherche de colonies de lièvre de mer. Sa seconde activité, quasi obsessionnelle, serait le repérage de tortues de mer. Personne ne connaît les motivations exactes de ce mystérieux personnage qui répond au nom étrange de La Fontaine...

Nota bene : Pour la bonne information du lecteur, nous reproduisons ci-dessous la lettre de mécontentement envoyée par le lièvre de mer à l'éditeur après lecture du livre dans sa totalité.

Madame, Monsieur,

Je vous contacte de nouveau pour vous faire part de ma déception et de ma colère de n'être pas le seul mollusque gastéropode marin cité dans ce livre.

Les dolastatines

Je vous rappelle que je suis un mollusque gastéropode herbivore ne se nourrissant que de macroalgues vertes, brunes ou rouges (qui influenceraient d'ailleurs la couleur de mon corps) et de plantes marines à fleurs. C'est pourquoi j'enrage à l'idée que le lecteur, s'embrouillant, puisse me confondre avec les cônes, du genre Conus, *autres mollusques gastéropodes présentés tout à la fin de l'ouvrage.*

Comme le lecteur pourra le constater dans le dernier chapitre du livre, ces cônes se nourrissent eux d'animaux (invertébrés et petits poissons) qu'ils chassent la nuit. Se mettant à l'affût, ils capturent leurs proies avec un raffinement et une cruauté dans la méthode employée qui fait véritablement froid dans le dos.

Je supplie donc le lecteur de ne pas faire la confusion entre le très pacifique gastéropode que je suis et la véritable tribu de serial killers, *prédateurs marins que rassemble ce triste genre* Conus *(cf. le chapitre Ziconotide et la réponse de ce dernier à cette lettre).*

LES DOLASTATINES
Pour aller plus loin

Pour aller plus loin « 1 »

L'extraction liquide-liquide utilise deux solvants non miscibles, l'eau et un solvant organique (éther éthylique, dichlorométhane, acétate d'éthyle, hexane par exemple). Elle comporte deux étapes :
- une agitation mettant les deux phases en contact étroit ;
- une décantation permettant la séparation des deux phases.

Si un mélange de composés se trouve au départ dans un des solvants, à l'issue du processus chaque composé se sera réparti entre les deux phases dans des proportions qui lui sont propres et qui sont liées à sa structure chimique (ce rapport de répartition d'un composé entre les deux solvants est résumé dans la notion de coefficient de partage). Une extraction liquide-liquide entre l'eau et un solvant organique lipophile (on dit encore apolaire) sépare donc les composés lipophiles (qui se concentrent dans le solvant organique) des composés hydrophiles (qui restent dans l'eau). Une succession d'extractions liquide-liquide entre l'eau et des solvants organiques de polarité [1] variable permettra donc la séparation des composés d'un mélange selon leur degré de lipophilie.

La chromatographie désigne l'ensemble des méthodes de séparation des composés d'un mélange en fonction des différences d'affinité de chaque composé entre deux phases : une phase stationnaire et une phase mobile. Ces méthodes sont utilisées à des fins analytiques (sur de faibles quantités) ou bien à des fins préparatives.

---

[1] La polarité d'un solvant est une propriété physique trop complexe pour être définie ici. Disons simplement que les solvants sont classables selon la polarité, des moins polaires (= apolaires) comme l'éther de pétrole (= white spirit), aux plus polaires comme l'eau.

La phase stationnaire peut être constituée de fines particules solides (silice ou alumine par exemple dans la chromatographie d'adsorption) ou de résines échangeuses d'ions (chromatographie par échange d'ions) ou de résines poreuses non échangeuses d'ions (chromatographie d'exclusion). La phase stationnaire remplit une colonne ou est déposée sur une plaque (Chromatographie sur Couche Mince = CCM).

La phase mobile est liquide, constituée d'un solvant (appelé éluant) qui traverse la phase stationnaire de la colonne ou progresse par capillarité sur la plaque. Depuis quelques dizaines d'années, les performances de séparation de la chromatographie sur colonne ont été considérablement améliorées avec la technique appelée CLHP (Chromatographie Liquide Haute Performance). La phase mobile peut également être gazeuse dans la Chromatographie en Phase Gazeuse (CPG).

Pour aller plus loin « 2 »

La spectrométrie de masse peut se définir le plus simplement possible de la façon suivante :
1. un composé est ionisé avec formation d'ions ;
2. les ions sont séparés selon leur rapport masse/charge électrique (m/z) ;
3. tous les ions formés sont enregistrés, l'ensemble constituant le spectre de masse du composé.

En pratique, dans le mode le plus courant, l'échantillon (moins d'un milligramme) introduit dans l'appareil est vaporisé sous vide et bombardé par un faisceau d'électrons de haute énergie qui arrachent un électron à la molécule en formant l'ion moléculaire. Cet ion peut se fragmenter à son tour, produisant d'autres ions qui peuvent également se fragmenter.

Le spectre de masse fournit donc :
- par le premier ion formé, la connaissance de la masse moléculaire du composé. Avec un appareil fonctionnant à haute résolution, la masse est donnée avec 4 à 5 décimales ce qui permet en plus de connaître la formule brute du composé : ainsi, en résolution classique, l'azote N_2 et le monoxyde de carbone CO

posséderont un même pic moléculaire à *m/z* 28 (masses atomiques respectives des atomes d'azote, de carbone et d'oxygène = 14, 12 et 16 ; charge électrique z =1 car un seul électron a été arraché) ; en haute résolution (reposant sur les masses atomiques exactes), les pic moléculaires de l'azote et celui du monoxyde de carbone, respectivement 28,0062 et 27,9949, seront suffisamment différents pour être distincts ;
- par les autres ions formés, certaines indications sur la structure chimique du composé car les fragmentations aboutissant aux différents ions observés ne se font pas au hasard sur n'importe quelle liaison chimique, mais obéissent à des règles de réactivité chimique.

La spectrométrie de RMN (Résonance Magnétique Nucléaire) repose sur les propriétés magnétiques qu'ont certains noyaux atomiques de s'orienter, lorsqu'ils se retrouvent dans un champ magnétique, dans deux positions d'état énergétique légèrement différent. En présence d'un apport d'énergie fourni par des ondes électromagnétiques de type ondes radio, des noyaux atomiques dans l'état de plus faible énergie passent dans l'état de plus forte énergie : on dit alors qu'ils résonnent et c'est pourquoi le phénomène est appelé résonance magnétique nucléaire. Parmi les atomes possédant cette propriété, les deux plus importants en RMN sont le proton ^{1}H, noyau de l'atome d'hydrogène et le ^{13}C, isotope stable du carbone, d'abondance naturelle voisine de 1%. Concrètement, les spectres de RMN (de ^{1}H et de ^{13}C) se présentent comme une suite de signaux de formes variables apparaissant sur l'échelle des fréquences radio à des positions différentes (un peu comme les différentes stations radio de la bande FM !). Ce qu'il faut bien comprendre, c'est que l'emplacement des signaux sur la bande de fréquences ainsi que leur forme sont intimement liés à l'environnement chimique de chaque atome qui résonne. C'est pourquoi, en raison de toutes les informations qu'elle fournit au chimiste, la spectrométrie de RMN a pris autant d'importance dans la détermination des structures chimiques. Depuis leur découverte (les années 1950 pour la RMN de ^{1}H, les années 1970 pour celle de ^{13}C), les techniques et les appareillages de RMN se sont tellement développés qu'aujourd'hui une analyse par RMN de 2 ou 3 mg d'un composé apporte incomparablement plus d'informations que la même analyse effectuée sur 200 mg il y a 40 ans.

La diffraction des rayons X (= diffractométrie des RX = cristallographie aux RX) est véritablement l'arme absolue dans la détermination structurale des molécules dont elle réalise une véritable photographie en 3D. Ne nécessitant pas forcément de grandes quantités de composé (quelques mg peuvent parfois suffire), la seule limite de cette technique est l'obtention de cristaux de qualité suffisante pour en permettre la mise en œuvre. Certains composés cependant cristallisent mal ou même ne cristallisent pas, ils sont dits amorphes.

La synthèse totale des dolastatines en général et de la dolastatine 10 en particulier représenta un défi considérable. En effet, les dolastatines possèdent, comme la plupart des molécules naturelles, des centres d'asymétrie au niveau d'atomes de carbone, dénommés carbones asymétriques. Il faut savoir qu'un carbone asymétrique dans une molécule génère deux possibilités de configuration dans l'espace correspondant à deux structures chimiques symétriques mais non superposables appelées énantiomères ; deux carbones asymétriques en génèrent quatre, trois carbones en génèrent huit, etc. Pour mesurer la difficulté du problème dans le cas des dolastatines, la dolastatine 10, par exemple, possède neuf carbones asymétriques, ce qui autoriserait théoriquement 512 configurations différentes possibles !

Pour aller plus loin « 3 »

Les essais cliniques, c'est-à-dire sur l'Homme, se font en trois étapes successives, les résultats de chaque étape déterminant l'arrêt des essais ou le passage à l'étape suivante :

- les essais de phase I, qui évaluent notamment la tolérance du candidat-médicament ; ils se font généralement sur un petit groupe de volontaires en bonne santé (quelques dizaines) ;
- les essais de phase II, qui évaluent l'efficacité du candidat-médicament et déterminent la posologie la plus appropriée ; ils se font sur un plus grand groupe de volontaires (de l'ordre de la centaine ou un peu plus), le plus souvent porteurs de la maladie à laquelle le candidat-médicament est destiné ;
- les essais de phase III, qui comparent notamment l'efficacité du candidat-médicament à celle du ou des traitements de référence

Les dolastatines

et confirment la posologie efficace ; ils se font à bien plus grande échelle (plusieurs centaines voire milliers de volontaires porteurs de la maladie).

On parle aussi d'essais de phase IV pour désigner la surveillance du médicament, une fois commercialisé (c'est ce que l'on appelle la pharmacovigilance). Cette quatrième phase vise à repérer des effets indésirables plus rares ainsi que l'apparition de complications plus tardives.

Pour aller plus loin « 4 »

La dolastatine 10 est un pentapeptide dont un seul des acides aminés est connu, la valine (signalée par une accolade sur la figure), les quatre autres ayant une structure originale.

dolastatine 10

monométhylauristatine E = MMAE

Le brentuximab védotine est un principe actif de la catégorie des immunoconjugués associant un anticorps monoclonal, chargé du guidage vers la cible, à une partie cytotoxique chargée d'agir au niveau de la cible. L'anticorps monoclonal est constitué d'une protéine unique, bien définie, qui cible un antigène unique, ici l'antigène CD30 présent à la surface des cellules malignes de certains lymphomes. Le véritable principe actif cytotoxique, la MMAE, est relié au brentuximab par un enchaînement chimique, ce que l'on appelle un bras de liaison. Après administration au malade du médicament, la MMAE se dirige, en quelque sorte masquée, guidée par le brentuximab, vers les cellules malignes porteuses de l'antigène CD30. Une fois fixé sur l'antigène, le brentuximab védotine entre dans la cellule maligne dans laquelle le bras de liaison se rompt en libérant la MMAE qui peut agir.

Telle qu'il vient d'être décrit, le mécanisme d'action est très séduisant car il suggère une action « propre » et spécifique aux seules cellules cancéreuses. La réalité est moins rose car le brentuximab védotine reste un principe actif toxique, aux nombreux effets indésirables. Disons qu'à l'instar des frappes de guerre dites chirurgicales et donc supposées être très ciblées, le brentuximab védotine provoque aussi pas mal d'effets collatéraux.

Les lymphomes sont des cancers du système lymphatique, le principal élément du système immunitaire de l'organisme. Ils touchent des cellules de la famille des globules blancs, appelées lymphocytes. Représentant environ 5% de tous les cancers, ils sont répartis en deux grands groupes : le lymphome de Hodgkin et les lymphomes non hodgkiniens.

Le brentuximab védotine est indiqué chez l'adulte dans le traitement des lymphomes suivants :

- lymphome hodgkinien CD30 positif récidivant ou réfractaire, et en cas de risque accru de récidive ou de progression après une greffe autologue de cellules souches ; lymphome hodgkinien CD30 positif de stade IV non traité précédemment (depuis 2019) ;
- lymphome anaplasique à grandes cellules (lymphome non hodgkinien) systémique récidivant ou réfractaire ;
- lymphome cutané à cellules T CD30 positif, après au moins un traitement systémique préalable (depuis 2018).

L'ÉSÉRINE (= PHYSOSTIGMINE)

PARFOIS DANS LA FÈVE, JAMAIS DANS LA GALETTE

Pour commencer...

Il y aurait un moyen simple pour résoudre en France les problèmes de lenteur de la justice et d'engorgement des prisons : le retour à la pratique de l'ordalie ! Rappelons que l'ordalie ou « jugement de Dieu » est une forme de justice consistant à soumettre un suspect à une épreuve dangereuse, mortelle le plus souvent et dont l'issue, mort ou survie, est censée démontrer *a posteriori* respectivement la culpabilité ou l'innocence du prévenu. Il s'agit donc d'une forme de justice rapide, qui ne se trompe jamais, puisque d'essence divine, et qui permet d'éviter les voies de recours et les procès en appel ! Que de temps gagné et que de personnel de justice économisé en ces temps de rigueur budgétaire...

Si la pratique des ordalies imposées à l'Homme a disparu en Europe au Moyen Âge, elle a perduré sur d'autres continents, en particulier en Afrique jusqu'au début du 20e siècle [1].

Des Écossais comme s'il en pleuvait

L'histoire de l'ésérine commence en Afrique au milieu du 19e siècle avec la description par des missionnaires écossais d'ordalies tenues dans la partie orientale de l'actuel Nigeria (région de Calabar, dans le golfe de

---

[1] Des ordalies par le poison ont cependant été rapportées plus récemment (ainsi chez les Nzakara, en République Centrafricaine, dans les années 1960-1970, mais en substituant un poussin à l'accusé pour l'ingestion du poison).

Guinée). Au cours de ces cérémonies, les malheureux (hommes ou femmes), suspectés généralement de sorcellerie, étaient soumis à l'ingestion d'un poison d'épreuve, d'origine végétale. Selon les cas, le poison était absorbé après mastication de 20 à 30 graines de la plante ou bien en buvant une bouillie confectionnée par macération des graines dans de l'eau. Le calvaire enduré par le supplicié a été ainsi décrit par Thomas Richard Fraser, médecin écossais et professeur à l'université d'Édimbourg dans l'*Edinburgh Medical Journal* en 1863 :

« *Le patient n'accuse aucune sensation pendant dix minutes environ. Il éprouve ensuite une soif ardente : le symptôme s'accroît peu à peu et devient si pénible que le nègre [sic] perd son stoïcisme naturel au point de se débattre violemment et de supplier les assistants de lui donner de l'eau. Bientôt il perd le pouvoir d'avaler, du mucus s'écoule de la bouche, des convulsions et des secousses agitent les muscles, et il meurt ordinairement en trente minutes après le commencement de l'épreuve. Pendant toute sa durée, les victimes conservent leur connaissance complète, comme le démontre le sens de la justesse de leurs remarques. Ils peuvent parler jusqu'au moment de leur mort, bien longtemps après que la déglutition est devenue impossible. Lorsque l'épreuve doit avoir une issue favorable, des nausées se produisent très peu de temps après l'absorption du poison, et les vomissements libérateurs suivent peu après. Il ne subsiste alors que quelques vertiges et une céphalée assez intense pendant quelques heures.* »

La survie, due uniquement à l'expulsion du poison par vomissement, était alors considérée comme une preuve d'innocence. Dans le cas contraire, avec le maintien du poison dans l'organisme, c'était la mort, preuve de culpabilité. Sans adhérer évidemment le moins du monde à une implication divine, il n'est pas interdit d'imaginer une influence de la culpabilité ou de l'innocence de l'accusé sur l'issue de la cérémonie. En effet, la croyance de la population locale dans la justesse du résultat de l'ordalie était très forte, ce qui pouvait expliquer un comportement de l'accusé devant la bouillie différent selon les cas : se sachant innocent, confiant dans l'issue, il avalait plus facilement et donc plus vite le poison qui, arrivant d'un coup dans l'estomac, était rejeté par vomissement ; au contraire, se sachant coupable, il rechignait à avaler la bouillie qui, arrivant petit à petit dans l'estomac, restait dans le tube digestif puis passait dans la circulation sanguine, entraînant sa mort.

L'ésérine (= physostigmine)

C'est John Hutton Balfour, botaniste et médecin écossais, professeur lui aussi à l'université d'Édimbourg, qui décrira en 1861 la plante toxique utilisée, une liane de la famille des Légumineuses (aujourd'hui famille des Fabacées), qu'il baptisa *Physostigma venenosum*. Il est à noter que le nom de la plante, Fève de Calabar en français ou *Calabar bean* en anglais, désigne celle-ci par le nom de sa graine (la fève), la partie de la plante qui était utilisée lors des ordalies.

Le principe actif responsable de la toxicité, isolé en 1864 au milieu d'autres composés, est un alcaloïde qui fut dénommé physostigmine, mais aussi ésérine (dérivé du nom africain de la plante, *éséré*) (*Cf. Pour aller plus loin « 1 »*).

La très forte toxicité de ces graines et la description des symptômes observés sur les personnes soumises aux ordalies ont bien évidemment incité les scientifiques à étudier sur les plans pharmacologique et toxicologique des extraits de fève de Calabar puis l'ésérine elle-même. Thomas Fraser dont nous avons déjà parlé a certainement été un des scientifiques ayant joué le plus grand rôle dans la découverte des effets de la fève de Calabar. C'est lui qui démontra que les malheureux soumis au poison décédaient de paralysie respiratoire. C'est encore lui qui signala à son ami, Argyll Robertson, ophtalmologiste d'Édimbourg, le très fort effet de contraction de la pupille (myosis) provoqué par l'extrait de ces graines. C'est enfin lui qui, le premier, émit l'hypothèse d'un effet contraire entre l'ésérine et l'atropine ; il démontra d'ailleurs que les effets mortels de la graine pouvaient être prévenus en administrant de l'atropine (*Cf. Pour aller plus loin « 2 »*).

Les premières indications thérapeutiques de l'ésérine concernèrent l'ophtalmologie : Argyll Robertson la recommanda vers 1870 pour soigner la sensibilité accrue à la lumière et Ludwig Laqueur, ophtalmologiste allemand de l'université de Strasbourg, suggéra en 1876 son usage dans une maladie oculaire appelée glaucome (souffrant lui-même de cette maladie, il l'utilisa personnellement).

C'est avec la découverte au 20e siècle du rôle fondamental de l'acétylcholine dans le fonctionnement du système nerveux parasympathique que l'on élucidera, plus de 60 ans après l'isolement de l'ésérine, son mécanisme d'action reposant sur l'inhibition d'enzymes appelées cholinestérases (*Cf. Pour aller plus loin « 3 »*).

On ne peut terminer l'histoire de cet alcaloïde sans évoquer le formidable retour en force que l'ésérine a connu à partir des années 1970 et ce, pendant une vingtaine d'années. Ce « come-back » était lié à la recherche de médicaments de la maladie d'Alzheimer. La première piste thérapeutique qui avait en effet été envisagée pour le traitement de cette maladie reposait sur l'hypothèse que la diminution constatée de la transmission cholinergique au niveau cérébral pouvait expliquer de manière prépondérante les troubles cognitifs caractéristiques observés. Il était donc tentant de faire le parallèle avec une autre maladie neurodégénérative, la maladie de Parkinson, et de penser que le renforcement de la transmission cholinergique cérébrale dans la maladie d'Alzheimer allait être aussi bénéfique que celui de la transmission dopaminergique dans la maladie de Parkinson. Bien que franchissant la barrière hémato-encéphalique, l'ésérine ne pouvait être utilisée elle-même pour des raisons pharmacocinétiques (demi-vie trop courte).

Beaucoup d'analogues structuraux ont donc été synthétisés sur le modèle de l'ésérine, possédant comme elle une fonction carbamate de phénol. L'un d'entre eux, la rivastigmine (DCI) Exelon®, a été mis sur le marché en 1998, indiqué dans le traitement symptomatique des formes légères à modérément sévères de la maladie d'Alzheimer. Cependant, ce médicament ainsi que les trois autres (dont deux inhibiteurs de cholinestérases) prescrits dans la prise en charge de la maladie d'Alzheimer en France a été déremboursé par une décision du ministère de la Santé depuis le 1er août 2018. Cette décision faisait suite à un avis de la Haute Autorité de Santé jugeant défavorable le rapport bénéfice/risque de ces médicaments (efficacité au mieux modeste et sécurité d'emploi limitée).

Pour conclure

Bien que restant un chef de file historique dans sa classe pharmacologique, force est de constater que cet alcaloïde, qu'on le nomme ésérine ou physostigmine, semble avoir son avenir thérapeutique derrière lui. Par contre, dans un tout autre domaine, celui des jeux de lettres en général et surtout des mots croisés en particulier, l'avenir de cette molécule, mais uniquement sous sa dénomination francophone ésérine, apparaît radieux, voire éternel. Ce petit nom commun de sept

L'ésérine (= physostigmine)

lettres est en effet le seul mot de la langue française commençant par ESE ; certains dictionnaires seulement admettent aussi le nom éséré, tiré du nom vernaculaire (c'est-à-dire le nom courant en langue locale) de la fève de Calabar. Pour cette raison, l'ésérine est de très loin l'alcaloïde le plus utilisé par les verbicrucistes lors de la confection de leurs grilles : l'emploi de cet alcaloïde pourtant si toxique devient alors sans danger. Aucune précaution d'emploi ni de posologie à respecter ! Puisque faire travailler ses neurones est unanimement reconnu comme ne pouvant qu'avoir un effet bénéfique sur l'évolution de la maladie d'Alzheimer, on peut donc dire que l'ésérine conserve, même indirectement, un intérêt dans cette pathologie !

Pour vous remercier, cher lecteur, chère lectrice, d'être parvenus à ce stade du livre, vous trouverez page suivante une grille à résoudre. Notre alcaloïde s'y est évidemment taillé la part du lion.

Drôles d'histoires de médicaments d'origine naturelle

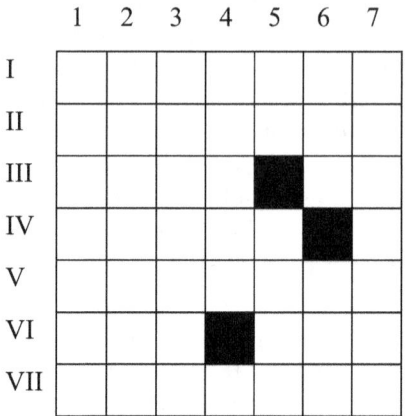

Horizontalement	Verticalement
I. Alcaloïde. **II.** Barisiennes par exemple. **III.** Espère donc être reçu. Règle. **IV.** C'est de l'hébreu. **V.** Commençai. **VI.** Anaïs pour les intimes. Éteint les écrans et rallume les salles. **VII.** Avec elle, mieux vaut ne pas tirer la fève.	**1.** Reine de la gerbe. **2.** Vous seront utiles à Douchanbé. **3.** Les anglophones lui préfèrent la physostigmine. **4.** Loupat. **5.** N'est donc pas out. Y a pas plus fidèle. **6.** N'a rien à faire dans un monde de bruts. Tête de liste. **7.** Pas besoin d'être orphelins pour qu'elle contracte les pupilles.

L'ÉSÉRINE (= PHYSOSTIGMINE)
Pour aller plus loin

Pour aller plus loin « 1 »

Pour la définition d'un alcaloïde, se reporter au chapitre : La camptothécine et ses dérivés. Pour aller plus loin « 3 ».

ésérine = physostigmine [1]

L'ésérine est un alcaloïde indolique dont le squelette carboné provient de deux acides aminés :

- le tryptophane, précurseur commun à tous les alcaloïdes indoliques ;
- la méthionine, apportant seulement le groupe Me angulaire.

Cet alcaloïde indolique est donc distinct de la très grande majorité des alcaloïdes indoliques, appelés alcaloïdes indolomonoterpéniques,

---

[1] Bien que physostigmine soit le terme utilisé par les Anglo-Saxons, nous avons retenu dans ce livre celui d'ésérine, qui est la dénomination privilégiée en France. Ainsi, ésérine apparaît en mot-clé pour une interrogation de recherche sur les sites de l'ANSM, de la revue Prescrire et de la banque de données sur les médicaments Thériaque, alors que physostigmine n'apparaît que sur le seul site de Thériaque.

dont les vinca alcaloïdes (abordés également dans ce livre) sont des représentants.

Sa grande originalité structurale tient à la présence d'une fonction carbamate (= uréthane) de phénol (*cf. figure*) dont l'importance, capitale pour l'activité pharmacologique, est expliquée ci-dessous au « 3 ».

Pour aller plus loin « 2 »

Fraser ne pouvait qu'émettre une hypothèse mais il ne pouvait bien sûr pas l'expliquer puisqu'à cette époque on ne connaissait pas la notion de neurotransmetteur, en l'occurrence l'acétylcholine pour le système parasympathique. On ne connaissait donc pas non plus les notions d'agoniste du système parasympathique (= cholinergique = parasympathomimétique) pour désigner une substance qui reproduit les effets de l'acétylcholine et d'antagoniste (= anticholinergique = parasympatholytique) pour désigner une substance qui s'y oppose.

L'ésérine et l'atropine étant respectivement agoniste et antagoniste du système parasympathique, l'hypothèse de Fraser ainsi que sa démonstration de l'action antidote de l'atropine dans l'empoisonnement par la fève de Calabar étaient parfaitement justes.

Pour aller plus loin « 3 »

Le mécanisme d'action de l'ésérine allait être élucidé plus de 60 ans après l'isolement de cet alcaloïde grâce aux deux découvertes suivantes concernant le système parasympathique :

- d'abord l'identification de l'acétylcholine comme neurotransmetteur de ce système ;
- puis la découverte de l'existence d'une classe d'enzymes, les cholinestérases.

Les cholinestérases (et en particulier l'acétylcholinestérase) sont en effet des enzymes qui, en dégradant par hydrolyse l'acétylcholine, modulent et limitent dans le temps ses effets physiologiques. En corollaire, toute substance qui inhibe l'action des cholinestérases amplifie et prolonge donc les effets physiologiques de l'acétylcholine.

L'ésérine (= physostigmine)

Ces substances sont appelées des parasympathomimétiques (= cholinergiques) indirects et l'ésérine en est le chef de file historique. On comprend dans ces conditions que le tableau des effets pharmacologiques de l'ésérine reproduise ceux de l'acétylcholine : myosis, augmentation des sécrétions (salivaire, nasale…), ralentissement du rythme cardiaque (bradycardie), hypotension, bronchospasme, paralysie des muscles respiratoires, nausées, vomissements, crampes digestives.

En 1925, la détermination de la structure de l'ésérine va permettre d'expliquer sur le plan biochimique la raison de cet effet inhibiteur des cholinestérases et de comprendre quelle partie de la structure de l'alcaloïde est impliquée dans cette action. Comme il a été montré précédemment, l'ésérine possède une fonction carbamate (= uréthane) de phénol, laquelle va entrer en compétition au niveau de la cholinestérase avec la fonction ester acétique de l'acétylcholine. C'est donc l'hydrolyse lente de la fonction carbamate de l'ésérine qui se produit à la place de celle de la fonction ester de l'acétylcholine. Cette dernière reste donc active, d'où l'effet parasympathomimétique indirect.

Cette compréhension de la relation entre la structure chimique de l'ésérine et son activité pharmacologique a permis de concevoir, sur le modèle de l'alcaloïde naturel, des principes actifs de synthèse. C'est le cas de la néostigmine et de la pyridostigmine, qui ne passent pas la barrière hémato-encéphalique (ne passent donc pas dans le cerveau) contrairement à l'ésérine, et qui sont utilisées encore aujourd'hui en thérapeutique, notamment pour leur action de normalisation de la contraction musculaire dans la myasthénie sévère et l'atonie intestinale. Au final, l'ésérine ne reste indiquée aujourd'hui que comme antidote des intoxications par des agents anticholinergiques = parasympatholytiques (atropine, scopolamine, et plantes contenant ces deux alcaloïdes [belladone, datura], antidépresseurs tricycliques, antihistaminiques, certains antiémétiques, certains antiparkinsoniens, les phénothiazines……). En raison de sa toxicité importante, son administration ne se fait qu'à l'hôpital (Anticholium®, spécialité disponible sous ATU [2]).

---

[2] Autorisation Temporaire d'Utilisation : Statut accordé par l'ANSM, après examen d'une demande (d'un laboratoire ou d'un prescripteur), permettant l'utilisation, strictement encadrée, d'un médicament n'ayant pas d'AMM.

L'EXÉNATIDE
Pathologie concernée : le diabète

Y A PAS DE LÉZARD ? SI JUSTEMENT, ET UN GROS !

Pour commencer...

« *C'est d'accord, ma tête n'est pas très gracieuse ni particulièrement avenante. Pour le dire en termes gentils, je n'ai pas un physique facile... Vous ajoutez à ce tableau une salive venimeuse, ce qui ne favorise ni le contact, ni les bisous. Comme si tout cela n'était déjà pas suffisamment déprimant, il a fallu que l'Homme m'affuble d'un nom difficile à porter :* **Heloderma suspectum** *en latin, ce qui n'est déjà pas très plaisant mais qui est presque gentil par rapport au nom français :* Monstre de Gila, *anglais :* Gila Monster, *italien :* Mostro di Gila, *etc. Je préfère m'arrêter là puisqu'il y a vraiment unanimité linguistique pour me rattacher à la confrérie des monstres.*

Alors bien sûr, j'ai souvent entendu parler du crapaud changé en prince charmant par le baiser de la princesse : le problème, c'est que je ne suis pas un crapaud mais un gros lézard d'environ 50 cm de long, vivant aux États-Unis près de la rivière Gila dans les États de l'Arizona et du Nouveau-Mexique et puis surtout je n'ai jamais rencontré de princesse ! Je suis d'autant plus triste que je cache derrière mon apparence plutôt repoussante un cœur d'or. J'aimerais démontrer aux humains qu'ils ont eu tort de me traiter de monstre, moi qui souhaiterais tellement servir à quelque chose et être utile d'une façon ou d'une autre. »

Voilà ce que se disait ce brave monstre de Gila au moment où l'histoire débute.

Drôles d'histoires de médicaments d'origine naturelle

C'est quoi un peptide ?

Avant de se plonger dans le récit de la découverte de l'exénatide, molécule de structure peptidique, il est conseillé de se reporter à la présentation chimique succincte de cette classe de composés qui est faite ailleurs dans ce livre (*Cf. le chapitre : Les insulines. Pour aller plus loin « 2 »*).

Pour satisfaire l'éventuelle curiosité du lecteur, voici le code international désignant par une lettre chaque acide aminé (AA) et que nous avons utilisé dans les deux tableaux qui illustreront ce récit :

A – Alanine ; C – Cystéine ; D – Acide aspartique ; E – Acide glutamique ; F – Phénylalanine ; G – Glycine ; H – Histidine ; I – Isoleucine ; K – Lysine ; L – Leucine ; M – Méthionine ; N – Asparagine ; P – Proline ; Q – Glutamine ; R – Arginine ; S – Sérine ; T – Thréonine ; V – Valine ; W – Tryptophane ; Y – Tyrosine.

Sur le plan biologique, les peptides possèdent de nombreuses propriétés s'exerçant, chez l'Homme par exemple, au niveau d'organes multiples (cerveau, cœur, rein, tube digestif, os…). Ils y interviennent

L'exénatide

alors très souvent, directement ou indirectement, dans des processus hormonaux.

Pourquoi est-on allé embêter ce lézard ?

La découverte (isolement et détermination de structure) de nombreux peptides animaux a commencé dans la première moitié du siècle dernier. Citons tout d'abord les travaux fondateurs du pharmacologue et chimiste italien Vittorio Erspamer, débutés dès les années 1930 et poursuivis pendant des dizaines d'années, et qui portaient sur les peptides isolés à partir de la peau d'amphibiens (= batraciens). Ces études ont ouvert la voie à l'isolement de nombreux autres peptides bioactifs (= biologiquement actifs) à partir d'insectes, de poissons, de reptiles, etc. C'est à la suite de ces travaux sur certains reptiles qu'a été entreprise à partir des années 1980 l'étude des venins de lézards qui allait déboucher sur la découverte de l'exénatide.

La première motivation de ces recherches sur les peptides était d'ordre purement fondamental, en rapport direct avec la théorie de l'évolution des espèces. Dans cette classe de molécules si universellement répandues, l'idée était en effet de comparer la structure chimique de peptides d'origines diverses pour voir s'il s'en dégageait des éléments communs, c'est-à-dire un même AA, voire une même suite (= séquence) d'AA à la même place, conservés intacts d'une espèce à une autre [1].

---

[1] Signalons au passage que la démarche comparative de ces scientifiques peut parfaitement s'appliquer à ce que j'appellerais « le jeu du collier », un jeu qui vous permettra d'occuper votre jeune enfant les longs dimanches d'hiver, tout en lui apprenant les lettres de l'alphabet et à compter jusqu'à vingt : ce jeu nécessite un grand stock de perles marquées chacune d'une des 26 lettres de l'alphabet (c'est juste un peu plus que le nombre d'acides aminés constitutifs des peptides) et des ficelles pour enfiler les perles. Dans un premier temps, votre enfant confectionne, comme il l'entend, plusieurs colliers différents en enfilant une vingtaine de perles sur chaque ficelle. Dans un second temps, vous lui faites comparer les colliers qu'il vient de fabriquer : retrouve-t-il parfois sur plusieurs colliers une perle portant la même lettre et à la même position ? Normalement, au bout de 10 minutes de comparaison des colliers, votre enfant vous enverra

La seconde motivation, qui découlait de la première, était beaucoup plus appliquée : s'il existait des similitudes structurales entre certains peptides animaux et certains peptides humains, alors peut-être existait-il aussi entre eux des similitudes au niveau de l'activité biologique. S'ouvrait donc alors une possibilité de découvrir parmi ces peptides animaux des molécules d'activité pharmacologique intéressante, susceptibles d'application thérapeutique.

La recherche commença, guidée par des critères d'activité biologique...

Les premiers travaux sur les venins de lézards du genre *Heloderma* furent entrepris sur le monstre de Gila mais aussi sur une autre espèce proche, *H. horridum*, vivant au Mexique et en Amérique centrale. Si ce cousin *latino* au sud du Rio Grande n'a pas eu le droit à l'appellation Monstre, il n'est guère mieux loti, *horridum* signifiant entre autres : qui fait frissonner, repoussant, terrible. Ce dernier qualificatif se retrouve d'ailleurs dans l'héloderme terrible, un des noms français de cette espèce. L'exénatide peut donc remercier, entre autres, ces deux êtres, l'un monstrueux et l'autre repoussant, car c'est à eux qu'il doit d'exister et d'avoir ici un récit qui lui est consacré !

C'est à l'été 1980 que Jean-Pierre Raufman, chercheur au NIH (*National Institutes of Health*) de Bethesda et travaillant sous la direction de Jerry Gardner, chef du département des maladies digestives, débuta une recherche systématique de molécules bioactives présentes dans les venins d'insectes et de reptiles. L'essai biologique *in vitro* mis en œuvre pour tester l'activité de ces venins consistait en la mesure de leur effet sur la sécrétion d'une enzyme, l'amylase, par certaines cellules de pancréas

---

balader d'un « il est nul ton jeu, j'arrête et qu'est-ce qu'on fait maintenant ». Si toutefois vous vous apercevez qu'il est passionné et que c'est vous qui au contraire le suppliez au bout de 3 heures d'arrêter, vous venez de réaliser que votre enfant sera joaillier ou qu'il fera une brillante carrière de renommée internationale dans la chimie des peptides !

de cobaye. Comme il apparut très vite que les venins des lézards étaient de loin les plus actifs, l'étude se concentra alors exclusivement sur nos deux hélodermes. Un second critère biologique fut alors ajouté, celui de la variation de la concentration dans ces mêmes cellules pancréatiques d'un constituant appelé AMP cyclique (AMPc = Adénosine Monophosphate cyclique).

Pour comprendre pourquoi ce sont ces deux critères de mesure qui furent retenus, il est important de rappeler ou préciser que le pancréas est une glande constituée de deux parties anatomiquement et fonctionnellement bien distinctes :

1. la partie majoritaire constituée par ce que l'on appelle des acini produisant des sécrétions (contenant des enzymes dont l'amylase) qui se déversent dans le tube digestif au niveau du duodénum. La production puis la sécrétion de ce suc pancréatique, qui joue un rôle majeur dans la digestion, correspondent à la fonction dite exocrine du pancréas ;
2. l'autre partie, constituée de cellules regroupées dans les îlots de Langerhans, produisent des hormones peptidiques, l'insuline et le glucagon, respectivement hypo- et hyperglycémiantes (c'est-à-dire diminuant ou augmentant le taux de glucose dans le sang) et dont les actions complémentaires assurent le réglage équilibré de la glycémie. Contrairement au suc pancréatique, insuline et glucagon sont libérés directement dans le sang, ce qui correspond à la fonction dite endocrine du pancréas (*Cf. Pour aller plus loin « 1 »*).

Les deux critères retenus par Jean-Pierre Raufman (variations de la sécrétion d'amylase et de la concentration d'AMPc dans les tissus pancréatiques de cobaye) s'appuyaient sur le fait que chez l'Homme la sécrétion pancréatique exocrine est notamment sous la dépendance d'hormones peptidiques intestinales. Ces hormones intestinales arrivent par voie sanguine jusqu'au pancréas où elles se fixent sur les cellules sécrétoires pour les stimuler (le lieu de fixation s'appelle le récepteur). Le mécanisme intime de cette stimulation est très complexe, mais disons simplement que l'action initiale de ces hormones intestinales est amplifiée à l'intérieur des cellules pancréatiques par production, dans un second temps, de cet AMPc (appelé pour cette raison second messager).

Drôles d'histoires de médicaments d'origine naturelle

En résumé, on comprend alors facilement que l'observation d'une augmentation de la sécrétion d'amylase et de la concentration d'AMPc sous l'effet des venins de lézards suggère fortement que ces derniers contiennent une ou plusieurs substances agissant sur ces cellules pancréatiques de cobaye à la manière, chez l'Homme, des peptides intestinaux humains sur la sécrétion pancréatique exocrine.

Le travail d'isolement et de purification des peptides à partir des venins des deux lézards fut alors conduit au NIH selon une méthode dite de fractionnement bio-guidé : les venins bruts étaient divisés par chromatographie en sous-fractions qui étaient chacune soumises aux deux tests biologiques (*Cf. Pour aller plus loin « 2 »*).

En comparant les résultats en fonction des fractions, il fut facile de savoir dans quelle(s) fraction(s) s'étaient concentrés les peptides bioactifs. Cette méthode permit à l'équipe de Raufman d'isoler en 1984 dans chacun des deux venins deux peptides de structure très voisines qui furent dénommés hélospectine-I et II. La comparaison de la structure de ces deux peptides de lézards avec celle de l'hélodermine, un troisième peptide isolé également en 1984 par une équipe de l'Université Libre de Bruxelles à partir du seul venin du monstre de Gila, montra une très grande analogie entre les trois composés. Encore plus intéressante fut l'analogie constatée entre ces trois peptides et trois hormones peptidiques humaines, le glucagon, hormone pancréatique, la sécrétine et le VIP (Vasoactive Intestinal Peptide) hormones intestinales, montrant toujours le même agencement sur quatre positions (en grisé sur le schéma) : histidine en 1, sérine en 2, phénylalanine en 6 et thréonine en 7.

1	5	10	15	20	25	30	35	38
peptides de lézards (*1* et *2* = hélospectines I et II ; *3* = hélodermine)									
1 H S D A T F T A E Y S K L L A K L A L Q K Y L E S I L G S S T S P R P P S S									
2 H S D A T F T A E Y S K L L A K L A L Q K Y L E S I L G S S T S P R P P S									
3 H S D A I F T E E Y S K L L A K L A L Q K Y L A S I L G S R T S P P P									
peptides humains (*4* : glucagon ; *5* : sécrétine ; *6* : VIP (Vasoactive Intestinal Peptide)									
4 H S Q G T F T S D Y S K Y L D S R R A Q D F V Q W L M N T									
5 H S D G T F T S E L S R L R D S A R L Q R L L Q G L V									
6 H S D A V F T D N Y T R L R K Q M A V K K Y L N S I L N									
Dans 3 et 5, l'AA C-terminal (en 35 dans 3 ; en 27 dans 5) est amidifié.									

Cette observation, outre qu'elle confirmait l'hypothèse initiale de conservation de certaines séquences d'AA à travers les espèces animales, influença la suite du travail sur ces venins de lézards d'une façon qui allait s'avérer capitale dans la découverte de l'exénatide.

... et se poursuivit, guidée par un critère de structure, ce qui changea tout...

L'association avec John Eng du *Bronx Veterans Affairs Medical Center* substitua en effet au critère biologique jusqu'alors retenu (mesure de la sécrétion d'amylase) un critère chimique. Le raisonnement était simple : puisque les trois peptides bioactifs déjà découverts avaient en commun avec le glucagon, la sécrétine et le VIP, la présence d'une histidine en position 1, pourquoi ne pas chercher, dans les venins, d'autres peptides possédant cette même caractéristique structurale ? (*Cf.* ***Pour aller plus loin « 3 »***). Les peptides ainsi isolés seraient alors, mais dans un second temps seulement, étudiés pour leur action biologique. Cette nouvelle approche aboutit à l'isolement de deux nouveaux peptides de structure très voisine, l'exendine-3 à partir du venin de l'héloderme terrible et l'exendine-4 à partir de celui du monstre de Gila.

Soumis alors aux deux tests biologiques initiaux sur les tissus pancréatiques de cobaye, ces deux peptides provoquèrent bien une augmentation de concentration de l'AMPc, mais peu (pour l'exendine-3) ou pas (pour l'exendine-4) d'augmentation de la sécrétion d'amylase, ce qui laissait supposer que ces deux peptides se fixaient sur un récepteur différent de celui des trois autres peptides de lézards.

... et permit la découverte de l'exénatide

Le fait qui allait s'avérer déterminant pour la suite de l'étude fut la constatation qu'un fragment d'un autre peptide intestinal humain, le GLP-1 (Glucagon-like Peptide-1) :

1. présentait une assez bonne analogie structurale avec ces deux exendines (AA en grisé) ;
2. se comportait dans les deux tests biologiques comme l'exendine-4.

	1	5	10	15	20	25	30	35	39
peptides de lézards (1 = exendine-4 = exénatide ; 2 = exendine-3)									
1	H G E G	T F T S D L	S K Q M E	E E A V R L	F I E W L	K N G G P	S S G A P	P P S	
2	H S D G	T F T S D L	S K Q M E	E E A V R L	F I E W L	K N G G P	S S G A P	P P S	
peptide humain (3 = GLP-1 = Glucagon-Like Peptide-1)									
3	H A E G	T F T S D V	S S Y L E	G Q A A K E	F I A W L	V K G R				

Dans 1, 2 et 3, l'AA C-terminal (en 39 dans 1 et 2 ; en 30 dans 3) est amidifié.

Ce GLP-1 est en effet une hormone qui fait partie du groupe dit des incrétines. Celles-ci sont produites par certaines cellules intestinales directement sous l'influence du glucose et leur fonction principale est alors de stimuler la libération d'insuline par le pancréas. L'utilisation par voie injectable de ce GLP-1 comme médicament du diabète avait déjà été envisagée mais écartée rapidement en raison de sa très faible durée de vie (sa grande instabilité aurait nécessité des injections toutes les heures !). C'est la constatation que l'exendine-4 reproduisait bien au niveau de la production d'insuline l'action du GLP-1, mais avec une bien plus grande stabilité (pouvant permettre une seule injection quotidienne) qui signa vraiment l'acte de naissance de l'exénatide. Persuadé de l'intérêt thérapeutique de l'exendine-4, John Eng breveta sa découverte au milieu des années 90. Développée d'abord par Amylin Pharmaceuticals, puis par le laboratoire américain Lilly, l'exendine-4, officiellement renommée exénatide (DCI), fut commercialisée en France sous le nom de Byetta® en 2008 (2005 aux États-Unis), puis Bydureon® (forme à action prolongée) en 2015 [2].

Aujourd'hui, l'exénatide est indiqué, administré par voie sous-cutanée (injections 2 fois par jour ou 1 fois par semaine avec la forme retard), dans le traitement du diabète de type 2, chez l'adulte de 18 ans ou plus, en association avec un hypoglycémiant oral et/ou de l'insuline, lorsque le traitement en cours, en complément d'un régime alimentaire et d'une activité physique, ne permet pas d'assurer un contrôle adéquat de la glycémie (*Cf. Pour aller plus loin « 4 »*).

---

[2] Bien évidemment, que les amis des bêtes en général et des monstres de Gila en particulier se rassurent, l'exénatide est fabriqué exclusivement par synthèse chimique et non pas par extraction à partir de la salive de notre cher lézard que l'on élèverait pour la circonstance en batterie !

L'exénatide

Pour conclure...

Nous arrivons au terme de cette histoire qui peut se résumer ainsi :

- au départ, dans le cadre d'une étude de type fondamental, des peptides originaux sont recherchés dans des venins de lézards. Leur activité ? Stimuler la sécrétion d'une enzyme, l'amylase, ciblant donc la fonction exocrine du pancréas ;
- à l'arrivée, dans le cadre d'un travail devenu très appliqué, la découverte dans le venin d'un des lézards d'un peptide original. Son activité ? Nulle sur la sécrétion d'amylase, importante sur la sécrétion d'une hormone, l'insuline, s'adressant donc cette fois à la fonction endocrine du pancréas. Ce paradoxe (chercher quelque chose et aboutir à la découverte d'autre chose) n'est pas exceptionnel ; on le retrouve même assez souvent dans le monde de la recherche en général et de celle des médicaments en particulier. Toute l'histoire de la découverte des alcaloïdes anticancéreux issus de la pervenche de Madagascar en est un exemple encore plus éloquent (*cf. l'histoire des vinca alcaloïdes*).

Quant à notre cher monstre de Gila, même s'il a conscience que l'exénatide n'a sans doute pas révolutionné le traitement du diabète, ni fait trop d'ombre à l'utilisation des insulines dans le diabète de type 2, il est très fier d'avoir été directement à l'origine de la découverte de ce nouveau principe actif de médicament, lui qui voulait tellement servir à quelque chose de noble quand nombre de ses cousins finissent en bracelet-montre. Il n'a pas pour autant rencontré sa princesse, mais en 2007, pour une émission d'une télévision britannique, John Eng, le « découvreur » de l'exénatide. Ce dernier a alors déclaré : *It really is a beautiful lizard !* Cela lui a fait chaud au cœur et l'a un peu consolé de n'être pas un crapaud. Et d'ailleurs, est-il vraiment un monstre ?

L'EXÉNATIDE
Pour aller plus loin

Pour aller plus loin « 1 »

Une glande exocrine déverse ses produits de sécrétion à la surface de la peau (glandes sudoripares, etc.) ou dans une cavité naturelle communiquant avec l'extérieur (glandes salivaires, pancréas pour la partie produisant le suc pancréatique déversé dans le duodénum). L'action de la sécrétion exocrine est donc locale : ainsi, par la présence notamment d'amylase, de lipase, de protéases (dégradant par hydrolyse respectivement l'amidon, les graisses et les protides), le suc pancréatique joue un rôle essentiel dans la digestion.

Une glande endocrine déverse ses produits de sécrétion, appelés hormones, directement dans le sang (hypophyse, thyroïde, glandes surrénales, pancréas pour la partie produisant les hormones pancréatiques). L'action de la sécrétion endocrine est donc générale et s'exerce à distance sur les cellules cibles de différents organes.

Pour aller plus loin « 2 »

Pour une présentation générale de la chromatographie, se reporter au chapitre : Les dolastatines. Pour aller plus loin « 1 ».

La séparation des peptides des venins était effectuée par CLHP (Chromatographie Liquide Haute Performance) en utilisant des colonnes de silice « greffées » travaillant en phase inverse.

Pour aller plus loin « 3 »

La détection des peptides dont l'AA *N*-terminal est l'histidine est basée sur la réaction de dégradation d'Edman. Cette réaction permet de détacher proprement de chaque peptide son AA *N*-terminal sous la forme d'un dérivé cyclisé appelé phénylthiohydantoïne (PTH). Chaque AA formant un PTH différent, il est facile de reconnaître celui formé avec l'histidine et par conséquent de distinguer parmi tous les peptides ceux dont l'AA *N*-terminal est l'histidine.

L'étymologie du terme exendine est la suivante : *ex* provient de *exo* comme exocrine et *end* de *endo* comme endocrine. Ces exendines sont donc des molécules provenant d'une sécrétion exocrine (le venin) et pouvant avoir une action endocrine.

Pour aller plus loin « 4 »

Pour une présentation générale du diabète, se reporter au chapitre : Les insulines. Pour aller plus loin « 1 ».

L'exénatide a une durée d'action supérieure à celle de l'incrétine humaine, le GLP-1, ce qui s'explique par la présence chez l'Homme d'une enzyme appelée dipeptidyl-peptidase 4 (DPP-4). Cette enzyme dégrade en effet rapidement le GLP-1 mais est sans action sur l'exénatide.

Depuis la mise sur le marché de l'exénatide (Byetta®), deux autres analogues de synthèse du GLP-1, le liraglutide (Victoza®) et le dulaglutide (Trulicity®) ont été commercialisés en France.

L'autre approche thérapeutique basée sur l'activité des incrétines est l'utilisation, par voie orale, d'un inhibiteur de la DPP-4. En bloquant cette enzyme, l'inhibiteur prolonge et amplifie l'action des incrétines naturelles et en particulier du GLP-1. Ces inhibiteurs sont indiqués dans le traitement du diabète de type 2, en monothérapie ou en association avec un autre hypoglycémiant oral et/ou de l'insuline. Trois sont actuellement sur le marché en France : la saxagliptine (Onglyza®), la sitagliptine (Januvia, Xelevia®) et la vildagliptine (Galvus®) en France.

LA FOSFOMYCINE
Pathologie concernée : les infections bactériennes

LE STREPTOMYCES QUI VOULAIT QU'ON LUI FICHE LA PAIX

Pour commencer...

« *Mais quand vas-tu te décider à faire vraiment quelque chose de ta vie ?* » Le pauvre *Streptomyces*, cent fois qu'il avait déjà entendu cela de la part de ses parents, mais là ça commençait à se rapprocher. Tous les jours, il y avait droit. C'est vrai qu'il n'était pas particulièrement ambitieux, il se laissait juste vivre, tranquillement au rythme des saisons. Sa raison d'être dans la vie ? Dégrader, dégrader, dégrader ! Mais non, ce n'était pas un casseur, ni un petit loubard ! S'il dégradait, c'était toujours pour la bonne cause ! La décomposition, il ne vivait que pour ça [1]. Mais non, il n'attendait pas le grand soir, rien de révolutionnaire chez lui, il souhaitait même que tout continue tranquillement. La vie au grand air, au ras des pâquerettes et rien d'autre. S'il avait pu délimiter son territoire, un bout de sol, il aurait même marqué « Sam suffit » et sur la boîte aux lettres juste un nom : *Streptomyces*. *Streptomyces* comment ? Il y en a tellement. *Streptomyces* tout court. Toutcourt, ce n'est pas un nom de *Streptomyces*, ça ne fait pas assez latin, *toutcourtus* à la limite mais pas *toutcourt*. Mais je n'ai pas dit *Streptomyces toutcourt*, j'ai dit *Streptomyces* tout court en deux mots, ce qui signifie qu'il voulait juste rester anonyme et qu'on lui fiche la paix...

---

[1] Les *Streptomyces* sont des actinobactéries qui vivent dans le sol où ils jouent un rôle important en y décomposant les résidus organiques des sols. Ils participent ainsi aux cycles du carbone et de l'azote et à la formation de l'humus, la couche supérieure du sol.

Drôles d'histoires de médicaments d'origine naturelle

Ses parents ne l'entendaient pas ainsi et revinrent donc rapidement à la charge. Quand on est un *Streptomyces*, pensaient-ils, on est d'une lignée si célèbre dans le monde des médicaments qu'on se doit de tenir son rang. On ajoute donc sa pierre à l'édifice en produisant comme ses aînés, pour le plus grand bonheur de l'Homme, des molécules actives qui deviendront un jour des médicaments (***Cf. Pour aller plus loin « 1 »***).

Les parents :
« *Si ton aïeul,* Streptomyces griseus, *te voyait, il ne serait pas fier de toi. Lui au moins, grâce à son Pygmalion, le Professeur Waksman, il s'est fait mondialement connaître avec la streptomycine qui a sauvé d'une mort certaine tant de personnes atteintes de la tuberculose.*

Notre *Streptomyces* :
*Ah parlons-en de la streptomycine, elle a peut-être soigné leur tuberculose, mais ils sont tous devenus sourds comme des pots (**Cf. Pour aller plus loin « 2 »**).*

Les parents :
Et tous tes cousins qui ont élaboré les cyclines et les macrolides, ce n'est pas un honneur pour le genre Streptomyces *? Les cyclines, ces antibiotiques au spectre d'action si large qu'ils soignent à peu près tout et les macrolides que les humains sont bien contents d'avoir quand ils sont allergiques aux pénicillines.*

Notre *Streptomyces* :
*Pour les cyclines, je ne me réjouirais pas trop vite car ce spectre très large et leur utilisation pour un oui ou pour un non, ça va finir par créer des résistances chez les bactéries. Sans compter les effets de coloration irréversible des dents qu'ils provoquent quand ils sont utilisés dans certaines conditions. Quant aux macrolides, on ferait bien d'aller regarder ce qu'ils font du côté du foie (**Cf. Pour aller plus loin « 3 »**).*

La fosfomycine

Les parents :
Ce que tu peux être malhonnête, tu n'insistes que sur les effets indésirables sans voir les aspects bénéfiques. Tu te complais à voir toujours le verre à moitié vide. Tu as un cousin lointain au Japon, lui au moins il a de grands projets. Il nous a dit qu'il était en train de fabriquer des molécules antiparasitaires tellement puissantes que ceux qui les découvriraient un jour recevraient le prix Nobel (il s'agit bien sûr du futur *S. avermitilis* à l'origine de la découverte de l'ivermectine, présentée plus loin). *»*

Notre *Streptomyces* se rendait bien compte qu'il était un peu de mauvaise foi. Faire plaisir à ses parents en élaborant à l'usage de l'Homme une molécule qui deviendrait un médicament, pourquoi pas ? Mais pas au prix d'un énorme sacrifice qu'il n'était pas prêt à accepter. Car il ne savait que trop le sort promis à tout micro-organisme retenu pour devenir une souche productrice d'un principe actif médicamenteux.

Du jour au lendemain, c'est l'enfer du laboratoire pharmaceutique puis de l'usine. D'abord on cherche à améliorer ses capacités de production du principe actif en favorisant des mutations. On le soumet donc à tout un tas de tortures physiques (rayonnements divers) et chimiques (addition de produits mutagènes dans son milieu de fermentation). Et encore, à cette époque-là, on ne connaissait pas la technique de l'ADN recombiné (fabrication d'OGM).

Une fois la souche améliorée, vient la fermentation. Même si elle procède en plusieurs étapes avec une montée en échelle (le *scaling-up* disent les Anglo-Saxons), ça se termine toujours dans le fermenteur de production, un récipient en inox immense de plusieurs centaines de m^3. L'enfer à l'état pur ce fermenteur : un milieu liquide nutritif dans lequel baigne le micro-organisme qui s'est développé et à qui on demande de produire, produire, produire son principe actif. Un vrai stakhanoviste qu'il est devenu. Si encore tout cela se faisait dans le calme mais ça n'est pas du tout le cas : d'abord le milieu est sans cesse en mouvement, homogénéisé en permanence par la rotation de larges pales ; et puis il se passe toujours quelque chose, tantôt on ajoute (du tampon, de l'antimousse, des précurseurs…), tantôt on prélève pour contrôler, bref, jamais le temps de se reposer. Et ça dure comme ça plusieurs jours d'affilée, 24h sur 24 ! (***Cf. Pour aller plus loin « 4 »***).

Voilà ce à quoi notre *Streptomyces* était bien décidé à échapper. Comment donc concilier la production du principe actif d'un futur médicament et éviter en même temps l'enfer de l'usine et de ses fermenteurs ? L'histoire d'un lointain cousin d'Amérique du Sud, *Streptomyces venezuelae*, lui revint en mémoire. Cet ingénieux parent avait trouvé la solution en produisant un antibiotique, le chloramphénicol, de structure suffisamment simple pour que la synthèse chimique en permette l'accès de façon beaucoup plus rentable que la fermentation. Ainsi, lorsque le chloramphénicol arriva sur le marché pharmaceutique, *S. venezuelae* put néanmoins continuer, comme si de rien n'était, sa vie tranquille de micro-organisme sans quitter son bout de terre pour partir à l'usine (**Cf. Pour aller plus loin « 5 »**).

Notre *Streptomyces* décida donc de suivre l'exemple de son parent sud-américain : après avoir beaucoup réfléchi, eurêka ! Il venait d'imaginer la biosynthèse (= synthèse par un être vivant) d'une toute petite molécule, simple et facile à préparer par voie chimique mais néanmoins suffisamment originale pour se démarquer de ce qui existait déjà. Et c'est ainsi que quelques années plus tard, en 1969, les équipes de deux laboratoires pharmaceutiques (l'américain Merck et l'espagnol Compañia Española de la Penicilina y Antibióticos) rapportèrent conjointement l'isolement d'une surprenante molécule : d'abord appelée phosphonomycine, elle prit par la suite le nom de fosfomycine. Sa structure, élucidée la même année, était étonnamment simple : de formule brute $C_3H_7O_4P$, il s'agissait d'un tout petit acide phosphonique (époxypropylphosphonique pour être précis) qui fut d'emblée fabriqué par synthèse chimique, sans recourir au *Streptomyces* qui venait donc de remporter la moitié de son pari : on allait de nouveau le laisser tranquille ! Mais il fallait encore que la molécule soit active et serve à quelque chose. La suite des études allait montrer que c'était bien le cas.

Au cours de la décennie 70 l'activité antibiotique de la fosfomycine fut mise en évidence et le mécanisme d'action élucidé. Côté avantages, la fosfomycine possédait un large spectre, étant active sur beaucoup de bactéries à Gram positif et à Gram négatif et elle était bien tolérée ; côté inconvénients, elle générait assez rapidement des résistances de la part de certains germes et enfin elle était mal absorbée par voie orale (**Cf. Pour aller plus loin « 6 »**).

La fosfomycine

Ce profil permit la commercialisation de la fosfomycine, sous forme de sel disodique (Fosfocine®) au début des années 1980. Réservée à l'usage hospitalier, elle fut indiquée en perfusion intraveineuse dans le traitement d'infections sévères à germes sensibles (osseuses, respiratoires, urinaires, méningites...). Cette utilisation, toujours effective en 2019, doit se faire en association avec un autre antibiotique pour éviter la sélection de mutants résistants [2].

L'administration de la fosfomycine par voie orale ne prit vraiment de l'importance qu'avec le remplacement de la fosfomycine calcique (initialement utilisée) par le sel de fosfomycine et d'une base organique, le trométamol (= tromethamine), qui s'avéra augmenter considérablement son absorption et donc son activité. La fosfomycine étant éliminée dans l'urine où on la trouve en forte concentration et toujours efficace contre les bactéries jusqu'à 36-48 heures après la prise, le traitement monodose par voie orale des infections urinaires (cystites aiguës non compliquées de la femme et de l'adolescente) devint à partir du début des années 1990 l'une des indications les plus fréquentes de la fosfomycine (Uridoz®, Monuril®).

fosfomycine

trométhamine = trométamol

Pour conclure

Aujourd'hui en 2019, notre *Streptomyces* fait le bilan des cinquante années écoulées. Et d'abord comment s'appelle-t-il plus précisément, ce *Streptomyces* ? En fait, l'idée de fabriquer la fosfomycine pour avoir la

---

[2] Notons aussi que depuis 2015, une association fixe de fosfomycine disodique et de tobramycine (un aminoside) est indiquée, avec le statut de médicament orphelin, dans le traitement de la mucoviscidose.

paix ensuite, ils sont au moins trois espèces à l'avoir eue : *S. fradiae*, *S. viridochromogenes* et *S. wedmorensis*. Celui qui nous a raconté son histoire, c'est un des trois mais lequel ? Mystère, avoir trois identités possibles, c'est n'en avoir aucune, ce qui arrange bien notre *Streptomyces* qui voulait rester anonyme.

Finalement, tout s'est passé comme il l'avait prévu : devant la grande simplicité de la structure, le laboratoire pharmaceutique a préféré fabriquer la fosfomycine par synthèse chimique plutôt que par fermentation. Personne ne l'a donc plus jamais embêté après la découverte et il a pu continuer sa vie pépère dans son coin. Les choses n'ont pas trop bougé depuis les années 60 : juste à côté de son bout de terre, il y a toujours le banc public pour les amoureux de passage ; ce qui l'attriste un peu, c'est qu'avant, ils se bécotaient en échangeant des mots d'amour comme dans la chanson de Brassens alors qu'aujourd'hui, ils restent assis chacun les yeux rivés sur le smartphone. Un peu plus loin, la municipalité a gardé la pelouse où les enfants jouent ; il aime bien les entendre rire et crier. Sinon, la vie continue pour son plus grand bonheur : dégrader, décomposer ; décomposer, dégrader, il ne s'en lasse pas. Ses parents sont très fiers de lui puisque la fosfomycine (par voie IV seulement) est inscrite sur la Liste modèle des médicaments essentiels de l'OMS et qu'associée au trométamol, elle reste très utilisée. Lui, il n'y pense plus depuis bien longtemps à cette fosfomycine.

Tiens, les jours rallongent, se dit-il, ça sent le printemps, la vie est belle.

Note de l'auteur : Le lecteur ayant légitimement le droit d'exiger toute la vérité sur les conditions RÉELLES de la découverte de l'association fosfomycine-trométamol, la réponse à ses interrogations se trouve page ci-contre.

La fosfomycine

LOVE STORY

Bien avant les sites de rencontres pour humains, il en existait déjà un pour les molécules esseulées, à la recherche du partenaire idéal pour faire un médicament :

médic♥amant

C'est ainsi que dans les années 90, la fosfomycine a rencontré le trométamol. Tout de suite, ils ont compris qu'ils étaient faits l'un pour l'autre.

À eux deux, ils ont formé la fosfomycine trométamol, le seul traitement monodose par voie orale de la cystite aiguë non compliquée de la femme et de l'adolescente.

Grâce au trométamol, la fosfomycine, jusqu'alors utilisée essentiellement par injections à l'hôpital, a enfin découvert le monde merveilleux de l'officine.

Depuis, le succès ne s'est jamais démenti (15 spécialités aujourd'hui sur le marché). Et cela fait déjà presque 30 ans qu'elle vit ce conte de fées !

Il n'y a pas un jour qu'elle ne se dise :

Merci médic♥amant !

LA FOSFOMYCINE
Pour aller plus loin

Pour aller plus loin « 1 »

Le genre *Streptomyces* constitue de très très loin le plus gros contributeur à la découverte de principes actifs médicamenteux d'origine fermentaire (obtenus donc par culture en milieu liquide de bactéries et champignons).

Voici, rangées par classes thérapeutiques, les principales molécules produites par fermentation de *Streptomyces* :

Antibiotiques antibactériens : aminosides (chef de file historique : la streptomycine) ; macrolides (chef de file historique : l'érythromycine) ; cyclines (chef de file historique : la tétracycline) ; autres (daptomycine, lincomycine, pristinamycine).

Antifongiques : amphotéricine B, nystatine.

Antiparasitaires : avermectines (précurseurs de l'ivermectine).

Antitumoraux : anthracyclines (chefs de file historiques : la daunorubicine et la doxorubicine) ; bléomycine, dactinomycine, mitomycine, streptozocine.

Immunosuppresseurs : sirolimus, tacrolimus.

Divers : lipstatine, vitamine B12.

Pour aller plus loin « 2 »

La streptomycine, isolée en 1943 de *Streptomyces griseus* dans le laboratoire de Selman Waksman aux États-Unis, a été le premier médicament réellement efficace contre la tuberculose. À ce titre, elle a considérablement amélioré, à l'époque, le pronostic très sombre de cette maladie. Comme tous les antibiotiques de la classe des aminosides (dont elle est le chef de file historique), elle présente une toxicité double : ototoxicité, ici très marquée (troubles de l'équilibre puis surdité irréversible) et néphrotoxicité.

Pour aller plus loin « 3 »

Les cyclines (synonyme = tétracyclines) sont une classe d'antibiotiques qui possédaient à l'origine un spectre d'action très large. Une trop grande utilisation de cette classe d'antibiotiques a entraîné progressivement l'émergence de résistances bactériennes, rétrécissant considérablement le spectre d'action initial. Parmi les effets indésirables de ces antibiotiques, il y a une coloration irréversible des dents contre-indiquant leur utilisation chez la femme enceinte (dents de lait de leurs enfants) et chez l'enfant de moins de huit ans (dents définitives).

Les macrolides sont (à l'exception de la spiramycine) des ralentisseurs du métabolisme hépatique (inhibiteurs enzymatiques). Pour cette raison, ils sont impliqués dans un grand nombre d'interactions médicamenteuses.

Pour aller plus loin « 4 »

La production d'une molécule par fermentation d'un micro-organisme se fait en respectant des paramètres très précis afin d'optimiser le rendement.

Sont ainsi additionnés en cours de fermentation des solutions d'ajustement du pH du milieu (solutions tampons), des produits prévenant ou évitant la formation intempestive de mousse ainsi que des précurseurs (molécules favorisant la formation par le micro-organisme du principe actif attendu). Des contrôles réguliers du milieu sont réalisés (d'où des prélèvements).

Pour aller plus loin « 5 »

Le chloramphénicol est un antibiotique découvert en 1947 dans le jus de fermentation de *Streptomyces venezuelae*, un micro-organisme isolé d'un échantillon de terre prélevé près de Caracas. Longtemps utilisé par voie générale, notamment dans la méningite primitive et la fièvre typhoïde, et par voie locale dans des infections oculaires, il a été totalement retiré du marché en France depuis 2008 en raison de sa toxicité hématologique (destruction de la moelle osseuse). Il reste cependant inscrit sur la Liste modèle des médicaments essentiels de l'OMS (indiqué, en seconde ligne, dans le traitement de la méningite bactérienne).

Pour aller plus loin « 6 »

La cible d'attaque de la bactérie par la fosfomycine est la paroi bactérienne, comme les antibiotiques de la classe des bêta-lactames (pénicillines, céphalosporines). Cependant le mécanisme d'action précis aboutissant à la destruction de cette paroi est différent.

Pour une présentation générale de la coloration de Gram, se reporter au chapitre : Les rifamycines. Pour aller plus loin « 1 ».

LES INSULINES
Pathologie concernée : le diabète

L'INSULINE OU LES SUPER-POUVOIRS DU COLLIER MAGIQUE

Pour commencer...

De tous les médicaments présentés dans ce livre, l'insuline est l'un des plus anciens puisque l'on fêtera bientôt son centenaire. Médicament ancien et pourtant toujours d'actualité et absolument indispensable à un grand nombre de malades. Mais de quelle insuline parle-t-on ? De celle découverte il y a à peu près 100 ans et presque aussitôt utilisée pour soigner les diabétiques ? Puis que l'on a injectée aux malades pendant 30 ans sans connaître sa structure précise, ni même sa masse moléculaire. J'aurais d'ailleurs dû mettre cette phrase au pluriel car on utilisait, sans le savoir, deux insulines animales (de porc et de bœuf) de structures différentes. Ou bien s'agit-il de celle que l'on a mise sur le marché il y a 35 ans environ, l'insuline de séquence humaine, de structure différente de celles des insulines de séquence animale. Ou alors de celles majoritairement dispensées aujourd'hui, les insulines de séquence humaine modifiée qui, comme leur nom général l'indique, diffèrent chacune par la structure de l'insuline de séquence humaine !!!

Que cette histoire s'annonce compliquée, vous dites-vous. Soyez rassurés, pour vous la simplifier au maximum, vous pourrez la suivre beaucoup plus aisément à l'aide de belles images en couleurs où l'insuline évoque irrésistiblement un beau collier de perles à deux rangs. Et comme en plus la belle histoire de l'insuline s'apparente presque à un conte de fées, jalonnée non pas de **il était une fois** mais de **c'était la première fois** que, vous avez déjà un peu l'explication de la phrase que j'ai choisi de mettre en exergue.

De la découverte de l'insuline à la connaissance de ses diverses structures

La découverte de l'insuline ayant été maintes fois racontée, je me contenterai de rappeler que les canadiens Frederick Banting et Charles Best, respectivement jeune chirurgien de 30 ans et jeune étudiant en médecine de 22 ans, démontrèrent en 1921 dans un petit laboratoire de Toronto, sur un chien auquel on avait enlevé le pancréas, l'effet hypoglycémiant d'injections d'extraits pancréatiques. Quelques mois plus tard, en 1922, ils sauvèrent du coma un jeune homme de 14 ans, Léonard Thompson, diabétique de type 1, par injections d'extraits pancréatiques (*Cf. Pour aller plus loin « 1 »*).

Cette magnifique découverte fut récompensée par le prix Nobel de physiologie ou médecine en 1923. Ce ne sont pas Banting et Best qui le reçurent mais Frederick Banting et John Macleod, professeur écossais de physiologie qui avait fourni à Banting l'aide matérielle (le laboratoire de Toronto) et humaine (l'aide de Best) et avait coordonné le travail. Lors de la remise du prix Nobel, Frederick Banting tint à le partager avec Charles Best tandis que John Macleod fit de même mais avec James Collip, le très bon biochimiste qui avait préparé l'extrait pancréatique qui sauva Léonard Thompson, celui préparé par Banting et Best n'ayant donné que de piètres résultats... Par contre, personne ne songea à remercier ni même à citer Nicolae Paulesco, un médecin roumain qui avait au printemps 1921 envoyé pour publication le même travail que Banting et Best sur l'effet d'un extrait pancréatique sur le chien diabétique. Bien d'autres noms seraient à citer dans l'histoire de la découverte de l'insuline comme ceux d'Oskar Minkowski, médecin allemand qui, le premier, démontra en 1889 l'origine pancréatique du diabète, et de Jean de Meyer, médecin belge, qui proposa en 1909 le nom d'insuline [1] pour désigner cette mystérieuse sécrétion pancréatique.

---

[1] Insuline (du latin *insula* = île) car de Meyer reliait à juste titre cette sécrétion à certains tissus du pancréas appelés îlots de Langerhans, du nom du médecin allemand, Paul Langerhans, qui les avait découverts en 1869.

Les insulines

Le succès des extraits administrés au jeune Leonard Thompson fut retentissant : **c'était la première fois** qu'un traitement sauvait un malade diabétique. Ce succès, rapidement reproduit avec d'autres malades, sera pour beaucoup dans l'attribution du prix Nobel dès l'année suivante en 1923 (comparée avec celles de nombre de lauréats récompensés de nos jours bien longtemps après leurs travaux, un peu comme ces acteurs qui reçoivent un Oscar ou un César d'honneur au crépuscule d'une carrière, cette attribution du prix apparaît vraiment très rapide, annonçant peut-être avec 75 ans d'avance les insulines ultra-brèves de la fin du millénaire !).

L'industrie pharmaceutique américaine (Laboratoires Lilly) s'impliquant dans la production de l'insuline à partir de pancréas d'animaux de boucherie (porc et bœuf), vendue sous le nom Iletin®, ce sont rapidement des dizaines de milliers de diabétiques qui vont être soignés, d'abord sur le continent nord-américain, puis dans le monde entier. L'ère de l'insulinothérapie venait de commencer et avec elle apparut très rapidement le problème posé par la multiplication des injections. Si, comme il a été dit dans l'introduction, on ne connaissait ni la structure ni même la masse moléculaire de l'insuline, on en connaissait par contre la nature chimique : c'était un peptide, composé donc d'acides aminés (AA) et qui se dégradait dans l'estomac. L'insuline qui ne pouvait être administrée par voie orale l'était obligatoirement par injections (*Cf.* **Pour aller plus loin « 2 »**).

Son action par voie sous-cutanée ne durant que quelques heures nécessitait plusieurs injections quotidiennes. Deux avancées importantes, permettant d'allonger la durée d'action d'une injection et donc d'en diminuer le nombre, furent mises au point :

- au milieu des années 30, avec la découverte de l'IPZ (Insuline Protamine Zinc), première insuline d'action lente, l'effet retard résultant de l'association de l'insuline avec, d'une part des protéines extraites de la laitance de poisson, les protamines (effet découvert par le danois Hans Christian Hagedorn) et d'autre part les ions Zn^{++} (effet découvert par les canadiens David Scott et Albert Fischer) ;

- après la seconde guerre mondiale, avec la découverte de l'insuline NPH (Neutral Protamine Hagedorn), insuline d'action retard également mais dont le grand avantage par rapport à l'IPZ était qu'elle pouvait être mélangée à une insuline d'action rapide pour permettre en une seule injection à la fois un effet rapide et un effet retard. Cette insuline NPH (= mélange isophane) fut commercialisée en 1950 (*Cf. **Pour aller plus loin** « 3 »*).

En ce tout début des années 50, on savait donc associer l'insuline à diverses substances pour en étaler l'action dans le temps, on commercialisait même ces mélanges et pourtant, on se posait encore et toujours la question de la structure précise de l'insuline ! La réponse n'allait plus tarder et être apportée par les travaux du biochimiste anglais Frederick Sanger.

Que savait-on de la structure de l'insuline en 1950 ? Essentiellement ce qu'Albert Chibnall, biochimiste à Cambridge et membre du jury de thèse de Sanger en 1944, avait déjà découvert : qu'elle était constituée de chaînes courtes, que tous les AA n'y étaient pas représentés (pas de tryptophane ni de méthionine) et que la phénylalanine était à l'extrémité de l'une des chaînes. Que sa masse moléculaire devait avoisiner 12 000, correspondant à une centaine d'AA (cependant en 1952 aux États-Unis, Elizabeth Harfenist et Lyman Craig montrèrent qu'elle était en fait de l'ordre de 6 000, soit une cinquantaine d'AA).

Frederick Sanger, à qui Albert Chibnall avait proposé de travailler à Cambridge sur l'insuline, élucida en à peu près cinq ans la structure primaire, c'est-à-dire la séquence en acides aminés (nature des AA et ordre selon lequel ils se suivent) de l'insuline de bœuf puis de celles de quatre autres vertébrés (mouton, cheval, baleine et porc). Sur la figure un peu plus loin sont représentées les structures primaires des insulines de bœuf et de porc, les deux seules utilisées dans les années 50 et celle de l'insuline humaine qui sera décrite en 1960 par Davidson Nicol et Lane Smith, toujours à l'université de Cambridge. J'ai choisi cette représentation en « collier de perles à deux rangs » qui montre clairement pour ces trois insulines une même structure à 51 AA répartis en deux chaînes A (21 AA) et B (30 AA) reliées par deux ponts intercaténaires (= entre les deux chaînes) appelés ponts disulfure, un troisième pont disulfure, intracaténaire, reliant deux AA (cystéine) de la chaîne A.

La lettre sur chaque « perle » désigne l'AA selon le code international des AA :

Les insulines

A – Alanine ; C – Cystéine ; D – Acide aspartique ; E – Acide glutamique ; F – Phénylalanine ; G – Glycine ; H – Histidine ; I – Isoleucine ; K – Lysine ; L – Leucine ; M – Méthionine ; N – Asparagine ; P – Proline ; Q – Glutamine ; R – Arginine ; S – Sérine ; T – Thréonine ; V – Valine ; W – Tryptophane ; Y – Tyrosine.

Les AA qui sont numérotés (A8, A10 et B30) dans les représentations des deux insulines animales constituent les seules différences (trois chez le Bœuf, une seule chez le Porc) dans la séquence par rapport à l'insuline humaine. Ainsi :

- dans l'insuline bovine, les AA en positions A8 et B30 sont l'alanine (thréonine dans l'insuline humaine) et en A10 la valine (isoleucine dans l'insuline humaine) ;
- dans l'insuline porcine, l'AA en position B30 est l'alanine (thréonine dans l'insuline humaine).

Drôles d'histoires de médicaments d'origine naturelle

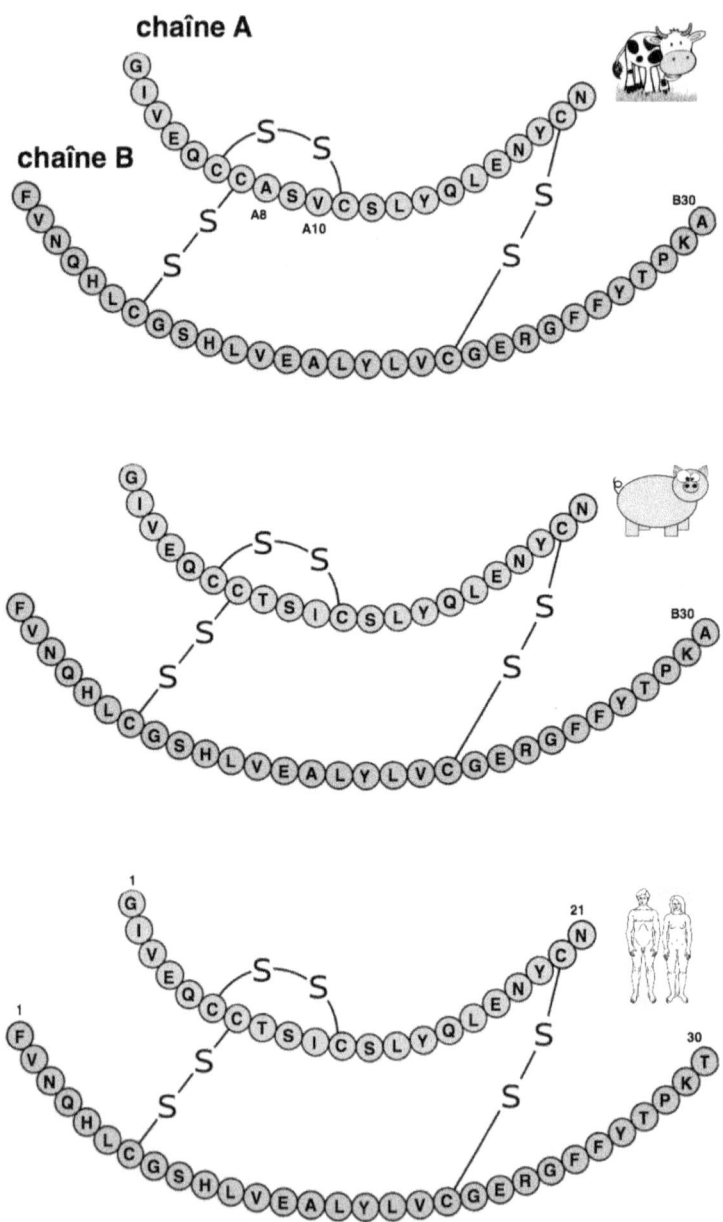

Les insulines

Pour la première fois, la détermination de la structure primaire d'un polypeptide était réalisée. Ce séquençage réussi allait valoir en 1958 à Frederick Sanger le prix Nobel de chimie **pour la première fois**... car il le reçut une seconde fois en 1980 pour sa méthode de séquençage de l'ADN. Frederick Sanger fait donc partie de ce club très fermé des lauréats Nobel ayant été couronnés deux fois, aux côtés de Marie Curie (prix Nobel de physique en 1903 et prix Nobel de chimie en 1911), Linus Pauling (prix Nobel de chimie en 1954 et prix Nobel de la paix en 1962) et John Bardeen (prix Nobel de physique en 1956 et 1972).

Adieu l'effet bœuf et le caractère de cochon, l'insuline s'humanise !

Par les travaux de Sanger, on découvrit ainsi que les deux insulines administrées aux malades depuis plus de 30 ans n'étaient pas chimiquement identiques et qu'elles différaient aussi de l'insuline humaine. Comme le pouvoir hypoglycémiant de ces trois insulines était le même, ces différences de structure n'avaient pas été soupçonnées. Il était par contre logique de penser que ces différences par rapport à l'insuline humaine expliquaient la formation d'anticorps anti-insuline trouvés chez de très nombreux diabétiques. Cette explication n'était cependant que partielle puisque la mise sur le marché dans les années 70 et au début des années 80 d'insulines, toujours de porc et de bœuf, mais de plus en plus purifiées (insulines dites MP = Monopic ou MC = Monocomposé) contribua à fortement diminuer cette formation d'anticorps.

Pour autant, il était évident que l'idée de mettre au point un jour une insuline de séquence humaine pour enfin soigner le diabétique avec une insuline en tous points semblable à celle que le pancréas humain fabrique était devenue un but à atteindre.

C'est ce qui fut fait la même année, en 1982, mais selon deux technologies complètement différentes, par les laboratoires Lilly aux États-Unis et Novo au Danemark.

Alors que Novo transformait l'insuline porcine en insuline de séquence humaine par un procédé d'hémisynthèse consistant à remplacer l'AA en B30 (c'est-à-dire en substituant l'alanine, présente chez le Porc, par la thréonine présente chez l'Homme), Lilly utilisait deux lots de bactéries (des colibacilles = *Escherichia coli*) recombinantes, c'est-à-dire dans le génome desquelles on avait inséré respectivement les gènes humains des chaînes A et B de l'insuline. Ces deux chaînes ainsi préparées par fermentation de ces bactéries génétiquement modifiées étaient ensuite réunies par la formation des deux ponts disulfure. Par la suite, Lilly n'utilisa plus qu'un seul lot d'*Escherichia coli* génétiquement modifiée, permettant l'obtention d'un précurseur de la molécule d'insuline humaine, la proinsuline. Cette dernière était ensuite transformée en insuline.

Ce procédé des laboratoires Lilly constitua là encore **une première fois** ! L'insuline de séquence humaine (dite biogénétique ou biosynthétique) obtenue en utilisant ainsi les techniques du génie génétique devint le premier médicament au monde produit par un organisme génétiquement modifié.

Ces deux insulines de séquence humaine (l'hémisynthétique de Novo et la biogénétique de Lilly) arrivèrent sur le marché en 1984. Elles furent rejointes dans les années 90 par deux autres insulines biogénétiques : celle de NovoNordisk préparée en utilisant cette fois une levure (*Saccharomyces cerevisiae*) recombinante, puis celle de Sanofi Aventis utilisant comme Lilly une souche de colibacille (*Escherichia coli*) recombinant.

Les quelques progrès apportés par les insulines de séquence humaine concernaient surtout les diabétiques qui développaient des réactions allergiques aux insulines animales, même hautement purifiées. Bien que ne révolutionnant pas le traitement du diabète, ces nouvelles insulines gagnèrent progressivement des parts de marché sur les insulines animales. L'apparition de la maladie dite « de la vache folle » allait accélérer les choses et précipiter l'arrêt de ces dernières. Bien que le pancréas n'ait jamais fait partie des organes considérés comme dangereux et que le porc, jusqu'à preuve du contraire, ne soit pas un bovin, le principe de précaution… et peut-être bien le souci de rentabilité signèrent la disparition des insulines animales fin 1999.

Les insulines

Et maintenant l'histoire est finie ? Pas du tout, elle repart même de plus belle !

Une fois les insulines animales retirées du marché, il était logique de penser que les insulines de séquence humaine se seraient retrouvées les seules commercialisées. En fait ce ne fut pas le cas car en 1999 apparut une première insuline de séquence humaine modifiée. Ainsi donc, après avoir annoncé, avec l'arrivée sur le marché de l'insuline de séquence humaine, la fin des problèmes liés au caractère antigénique (donc pouvant générer chez l'Homme des anticorps) des insulines animales, un premier laboratoire (Lilly) mettait sur le marché, l'insuline lispro (Humalog®), une insuline de structure volontairement différente de la structure humaine. La modification de structure entraînait, par rapport à l'insuline de séquence humaine, un raccourcissement du délai et de la durée d'action après injection SC. Cette insuline devenait ainsi la première insuline dite ultra-brève. Elle sera suivie en 2002 par l'insuline asparte (Novorapid®) de NovoNordisk et en 2006 par l'insuline glulisine (Apidra®) de Sanofi (*cf. figure Les insulines ultra-brèves et* **Pour aller plus loin « 4 »**).

À côté de ces trois insulines ultra-brèves, trois autres insulines de séquence humaine modifiée, mais à action prolongée cette fois, furent commercialisées : en 2003, l'insuline glargine (Lantus®) de Sanofi, possédant une chaîne B à 32 et non plus 30 AA (là encore, les AA numérotés constituent les différences de structure par rapport à l'insuline humaine) ; en 2005 et 2018, respectivement les insulines détémir (Levemir®) et dégludec (Tresiba®) de NovoNordisk, avec une chaîne B réduite à 29 AA (perte de l'AA B30), la lysine en B29 étant liée à un acide gras ou à une chaîne comprenant un acide gras (*cf. figure Les insulines d'action prolongée et* **Pour aller plus loin « 4 »**).

Les insulines ultra-brèves, de séquence humaine modifiée

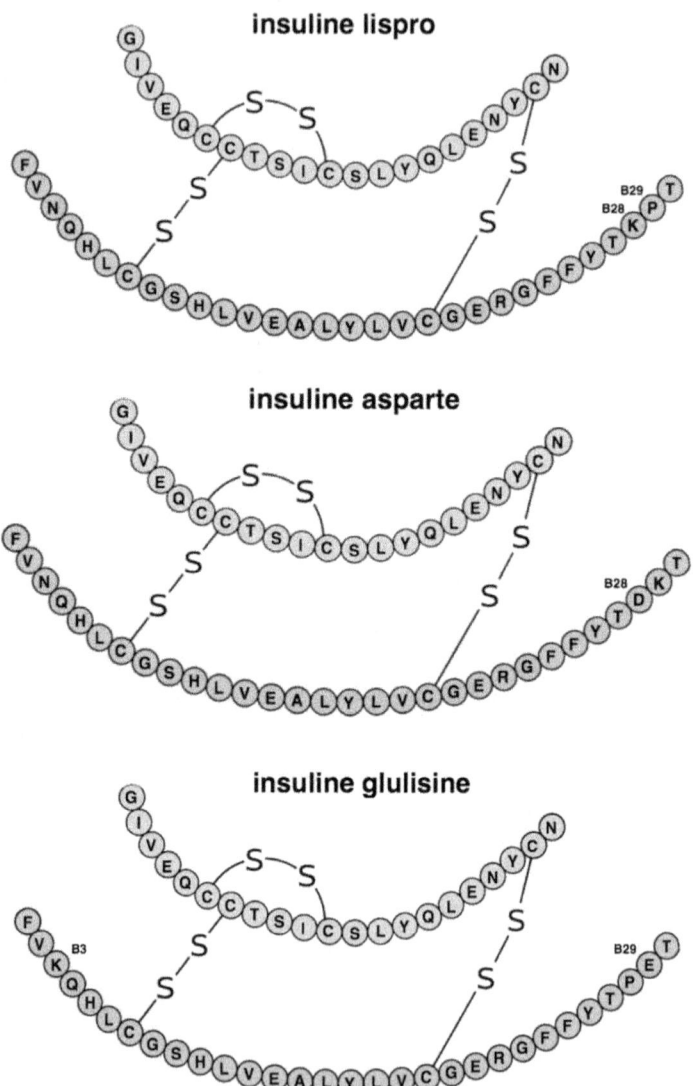

Les AA numérotés diffèrent de ceux de l'insuline humaine (sur chaîne B seulement)

Les insulines à action prolongée, de séquence humaine modifiée

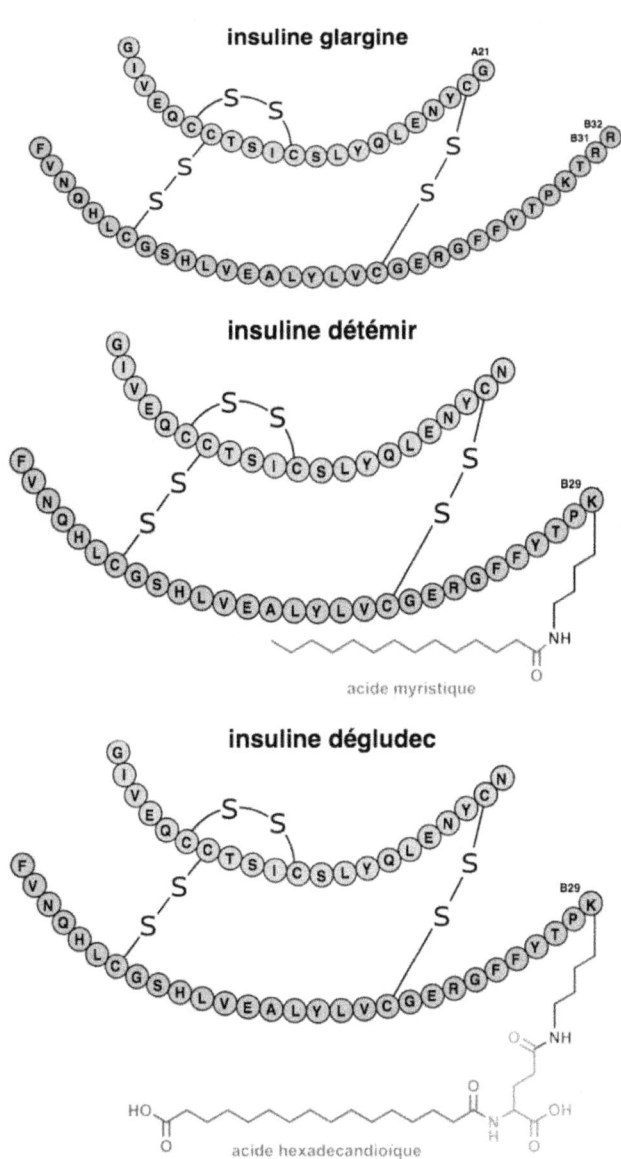

Les progrès thérapeutiques avancés par les fabricants pour ces nouvelles insulines sont centrés sur une amélioration de la qualité de la vie :

- pour les insulines ultra-brèves, une plus grande souplesse dans la vie quotidienne avec la possibilité d'effectuer l'injection d'avant repas très peu de temps avant le repas et non, comme avec les insulines rapides classiques, de la prévoir 30 minutes avant ;
- pour les insulines à action prolongée, et en particulier pour l'insuline glargine, la possibilité de passer de deux injections quotidiennes (avec l'insuline isophane) à une seulement ; l'autre avantage mis en avant étant la réduction des accidents d'hypoglycémie, qui constitue l'effet indésirable le plus fréquent de l'insulinothérapie.

Seuls les malades sont à même de juger la réalité et l'importance de ces progrès dans leur vie de tous les jours. Sur un tout autre plan, la mise sur le marché de ces insulines de séquence humaine modifiée a été une formidable opportunité financière pour les fabricants d'insuline, avec la commercialisation de nouveaux principes actifs protégés par de nouveaux brevets. Il n'est d'ailleurs pas inutile de rappeler que toutes ces nouvelles insulines s'adressent à l'ensemble des diabétiques ayant besoin d'avoir recours à l'insulinothérapie : les diabétiques de type 1, obligatoirement, mais également les diabétiques de type 2 lorsque le traitement par hypoglycémiants oraux s'avère insuffisant. Et quand on sait que le diabète de type 2, en rapport avec le mode de vie (sédentarité, « malbouffe ») ne fait que s'étendre, touchant des populations de plus en plus jeunes, on comprend que l'insulinothérapie à grande échelle a encore de beaux jours devant elle [2].

---

[2] Il faut cependant signaler les prises de position récentes de diabétologues aux États-Unis s'élevant contre le prix très élevé des insulines de séquence humaine modifiée, pour un bénéfice thérapeutique souvent nul ou très modeste par rapport à l'insuline de séquence humaine. Ces médecins prônent donc un retour à l'insuline de séquence humaine, souvent tout à fait satisfaisante, pour un grand nombre de diabétiques de type 2 devant recourir à l'insulinothérapie.

Pour conclure

Ces presque cent ans d'histoire de l'insuline ont, j'espère, illustré les super-pouvoirs que la phrase en exergue prêtait à cette molécule (ou plutôt ces molécules). Nous avons en effet vu que tous ceux qui ont touché ou touchent à l'insuline en ont retiré et en retirent encore beaucoup de bénéfices :
- les malades et tout particulièrement les diabétiques de type 1 dont l'insuline a radicalement amélioré les conditions et l'espérance de vie ;
- « les découvreurs » dont certains ont accédé aux honneurs du prix Nobel ;
- et les industriels de l'insuline pour lesquels le terme bénéfice prend vraiment tout son sens...

Pour ces derniers, l'on peut cependant se demander si les super-pouvoirs de l'insuline n'ont pas depuis quelques années pris du plomb dans l'aile.

Ainsi, en 2006, Pfizer commercialisait la première insuline inhalée (Exubera®)... qu'il retira du marché moins de deux ans plus tard. Les erreurs ayant conduit à ce flop industriel étaient de deux types :
- sur le plan strictement médical, beaucoup trop d'incertitudes sur la fiabilité et l'innocuité de cette voie d'administration (bon équilibre de la glycémie ? altération de la fonction respiratoire à long terme ?...) ;
- sur le plan marketing, l'idée fausse que toute voie d'administration permettant d'éviter les injections serait la bienvenue pour le malade. Or ce dernier, rompu à la manipulation des seringues ou surtout des stylos injecteurs, n'était pas prêt à les abandonner pour un dispositif nettement plus volumineux.

En 2014, une seconde insuline inhalée (Afrezza®), lancée par la firme américaine Mannkind était autorisée aux États-Unis, avec des indications dans les diabètes de type I et II et des restrictions d'emploi concernant les diabétiques atteints d'asthme, de BPCO (broncho-pneumopathie chronique obstructive) ou de cancer pulmonaire. Depuis, les ventes n'ont jamais décollé pour des raisons multiples (prix trop élevé posant un problème de remboursement, contraintes propres à son mode d'administration, réticence à faire changer de traitement un diabétique bien équilibré par ses injections d'insuline).

D'autres voies d'administration font l'objet de recherches, en particulier bien sûr la voie orale. De nombreuses technologies différentes permettant d'éviter la destruction et donc l'inactivation de l'insuline dans le tube digestif sont à l'étude, dont six sont actuellement en essais cliniques (le plus souvent de phases I et II, mais aussi de phase III pour l'une d'entre elles). Il est cependant difficile de savoir si l'une ou plusieurs de ces recherches aboutira(ont) à une mise sur le marché et, si oui, sous quels délais (les auteurs d'une très récente revue de 2019 envisagent la *possibilité* d'une première mise sur le marché dans les dix ans environ).

L'incertitude qui règne donc aujourd'hui sur les insulines du futur (notamment celles utilisant les voies pulmonaire ou orale) me semble bien résumée par les titres de deux articles de 2018 faisant le point sur la question :

- *Inhaled insulin : Dead horse or rising Phoenix ?*

- *Oral Insulin : Myth or Reality.*

LES INSULINES
Pour aller plus loin

Pour aller plus loin « 1 »

Le diabète est un trouble de l'assimilation et de l'utilisation des sucres entraînant une hyperglycémie (la glycémie est la concentration de glucose dans le sang). On peut parler de diabète lorsque la glycémie à jeun est supérieure ou égale à 1,26 g/l (soit 7 mmol/l).

L'insuline est une hormone permettant de faire entrer le glucose dans les cellules de l'organisme ; si elle est absente ou qu'elle « fait mal son travail », le glucose reste dans le sang d'où une hyperglycémie. Il existe principalement deux types de diabète :

- le diabète de type 1 (DID = diabète insulinodépendant) apparaissant chez le sujet jeune (enfant, adolescent) qui touche environ 200 000 personnes en France. Il est dû à une destruction des cellules pancréatiques productrices d'insuline, les cellules β des îlots de Langerhans. Les causes de cette destruction sont multiples mais le mécanisme est celui d'une maladie auto-immune, ce qui signifie que c'est le propre système immunitaire du malade qui attaque et détruit ces cellules. Le pancréas ne produisant pas d'insuline, le seul traitement du diabète de type 1 est donc l'insulinothérapie (injections quotidiennes par voie sous-cutanée) ;
- le diabète de type 2 (DNID = diabète non insulinodépendant) apparaissant généralement vers 40 ans mais aussi, depuis quelque temps, plus tôt (adolescents et jeunes adultes) ; il touche en France 2 à 3 millions de personnes (l'imprécision tient au fait que ce DNID est une maladie silencieuse les premières années et qui peut passer longtemps inaperçue). Dans ce type de diabète, le pancréas sécrète de l'insuline, mais soit elle l'est en quantité insuffisante, soit elle est mal utilisée au niveau des cellules de

l'organisme. L'apparition de ce diabète est favorisée par la sédentarité, le surpoids, la mauvaise alimentation. Les premières années de la maladie, la glycémie est régulée par différents médicaments hypoglycémiants pris par voie orale. Cependant l'évolution de la maladie épuisant en quelque sorte le pancréas, ce dernier finit par produire de moins en moins d'insuline ; il est alors nécessaire d'ajouter au traitement oral de l'insuline par voie sous-cutanée.

La régulation de la glycémie est absolument nécessaire pour éviter au maximum les multiples complications du diabète ; elles concernent notamment les gros vaisseaux (infarctus, AVC, artériopathie des membres inférieurs pouvant déboucher sur l'amputation) et les petits vaisseaux (au niveau de l'œil, rétinopathies pouvant entraîner la cécité ; au niveau du rein, néphropathies pouvant nécessiter la mise du malade sous dialyse).

Pour aller plus loin « 2 »

Les acides aminés (synonyme aminoacides, abréviation AA) sont les unités de base de la classe des protides, classe constituée également des peptides et des protéines. Les AA portent, comme leur nom l'indique, deux fonctions chimiques, une fonction acide carboxylique (COOH) et une fonction aminée, plus précisément, amine primaire (NH_2). Les AA qui nous intéressent et que l'on trouve en général chez les êtres vivants et chez l'Homme en particulier (au nombre de 20) sont des acides α-aminés c'est-à-dire des AA dans lesquels ces deux fonctions sont portées par un même atome de carbone. Deux AA peuvent s'unir l'un à l'autre, la fonction COOH de l'un réagissant avec la fonction NH_2 de l'autre, pour former une liaison dite amide et que l'on nomme, dans le cas précis des AA, une liaison peptidique. Les peptides sont donc constitués de l'union d'AA (oligopeptides de 2 à 10, polypeptides de 11 à 50 ou 100 selon les auteurs). Au-delà, on ne parle plus de peptides mais de protéines. Les peptides ont le plus souvent une structure linéaire, mais certains sont ramifiés et d'autres cycliques. Dans les structures linéaires, on distingue donc une extrémité dite *N*-terminale (c'est l'AA numéroté 1 dont la fonction NH_2 est libre) et une extrémité *C*-terminale, correspondant au dernier AA et dont la fonction COOH est libre.

Les insulines

La liaison peptidique étant facilement hydrolysable (c'est à dire détruite) par voie chimique et enzymatique, les médicaments de nature peptidique ne sont généralement pas administrables par voie orale et nécessitent la voie parentérale (injections SC, IM, IV).

Pour aller plus loin « 3 »

Le traitement d'un diabète de type 1 nécessite plusieurs injections quotidiennes d'insuline. Pour une régulation maximale de la glycémie, l'insulinothérapie combine l'injection par voie sous-cutanée d'insulines à action brève (agissant au bout de 30 minutes et pendant environ 6 à 8 heures), à action intermédiaire (agissant au bout d'une heure environ et pendant 12 à 20 heures) et à action lente (agissant au bout d'1,5 heure environ et pendant 24 heures et plus). L'insuline NPH est une insuline intermédiaire et l'insuline IPZ une insuline lente.

Pour aller plus loin « 4 »

Les modifications de la cinétique d'action découlent directement de la modification de la structure chimique. Elles s'expliquent par des raisons différentes selon les insulines :

- **Insulines ultra-brèves (lispro, asparte et glulisine)**, agissant au bout de 10 à 15 minutes et pendant environ 4 heures) : lorsqu'une insuline à action rapide (animale autrefois ou de séquence humaine aujourd'hui) est injectée par voie sous-cutanée, elle s'agrège dans un premier temps en formant ce qu'on appelle des hexamères (association de 6 molécules entre elles). Ces hexamères se dissocient en redonnant l'insuline qui passe alors dans le sang, ce qui explique le délai d'action d'environ 30 minutes. Pour les trois insulines ultra-brèves, les modifications de structure diminuent cette faculté d'agrégation en hexamères, d'où un passage plus rapide dans le sang.

- **Insuline glargine**, agissant au bout d'une heure environ et pendant 24 heures : l'insuline glargine se présente avant injection comme une solution limpide de pH 4, donc légèrement acide.

Après injection SC, se retrouvant à un pH neutre, l'insuline glargine, peu soluble à ce pH en raison de sa structure chimique, forme de petits cristaux qui ne passent pas dans le sang. C'est leur dissolution, lente et régulière sur 24 heures, qui permet le passage dans le sang et explique la cinétique. Précisons par comparaison que l'insuline NPH est une association insoluble d'insuline et de protamine qui se présente déjà avant injection comme une suspension. Une fois injecté, le complexe avec la protamine se dissocie alors progressivement, libérant lentement l'insuline qui passe dans le sang.

- **Insulines détémir**, agissant au bout de 3 à 4 heures et pendant 12 heures environ) et **dégludec**, agissant pendant 40 heures : la fixation sur la lysine en B29 d'une chaîne supplémentaire comprenant un acide gras favorise d'une part la formation d'hexamères sous la peau et d'autre part l'association de ces insulines avec l'albumine ; ces deux phénomènes expliquent l'action prolongée.

L'IVERMECTINE
Pathologie concernée : les maladies parasitaires

SA DEVISE ? EN VERS ET CONTRE TOUT

Pour commencer...

Imaginez un médicament antiparasitaire extrêmement actif et pourtant très faiblement toxique pour l'Homme.

Imaginez qu'une prise annuelle par voie orale soit suffisante.

Imaginez que ce médicament soit le fruit d'une collaboration entre un organisme de recherche académique et un grand laboratoire pharmaceutique.

Imaginez qu'il s'adresse surtout à des malades non solvables car habitant dans des pays parmi les plus pauvres du monde.

Imaginez que ce grand laboratoire pharmaceutique qui le fabrique se soit engagé à le fournir gratuitement à ces populations pauvres aussi longtemps que ce sera nécessaire.

Imaginez que les découvreurs de ce médicament (un chercheur de l'organisme académique et un chercheur du laboratoire privé) se soient tous les deux vu décerner en 2015 le prix Nobel de physiologie ou médecine.

En fait, n'imaginez rien car tout cela est bien réel et le médicament s'appelle l'ivermectine.

Juste une seule petite souris pour une grande découverte

Si la date du début de cette histoire est assez imprécise, vers le milieu des années 1970, le lieu ne souffre lui d'aucune équivoque : il est situé à côté d'un terrain de golf au bord de la mer, à Kawana, bourg voisin de Ito, dans la région de Shizuoka au Japon (*désolé, mais je n'ai pas les coordonnées GPS !*). C'est en effet là que fut prélevé dans le sol, pour le compte de l'Institut Kitasato, un peu de terre qui allait être à l'origine de la découverte de l'ivermectine. L'Institut Kitasato est un organisme académique créé en 1914 et qui doit son nom à son fondateur, médecin et bactériologiste japonais. Couvrant de façon très large le domaine de la santé humaine et animale, l'Institut s'est depuis longtemps spécialisé dans la recherche de nouvelles molécules à visée thérapeutique à partir de sources naturelles et particulièrement de micro-organismes. À la tête du département recherche de l'Institut depuis 1973, Satoshi Ōmura allait jouer un rôle fondamental dans la découverte de l'ivermectine. Il en sera récompensé en 2015 par l'attribution du prix Nobel de physiologie ou médecine qu'il partagera, pour cette découverte, avec William Campbell du laboratoire pharmaceutique américain Merck, et avec la chinoise Youyou Tu pour ses travaux sur l'armoise annuelle, l'artémisinine et leur intérêt dans la lutte contre le paludisme (*cf. le chapitre artémisinine et ses dérivés*).

Mais revenons à notre échantillon de terre. Sachant qu'un gramme (poids sec) de terre prélevée sur un sol contient de 1 à 10 milliards de micro-organismes, comment Ōmura sélectionna-t-il celui qui allait permettre la découverte de l'ivermectine ? Dans son discours de récipiendaire du prix Nobel, Satoshi Ōmura cita la phrase bien connue attribuée à Louis Pasteur : *Le hasard ne favorise que les esprits préparés.* Je pense que s'applique encore mieux à la découverte de l'ivermectine la comparaison souvent utilisée par Pierre Potier (le découvreur de la vinorelbine, Navelbine® et du docétaxel, Taxotère®), assimilant le chercheur qui trouve à un bon pêcheur qui, avec du bon matériel, va pêcher là où il y a du poisson. Satoshi Ōmura expliqua en effet que dans son travail d'isolement de nouvelles molécules à partir de micro-organismes, il avait depuis longtemps privilégié l'étude des micro-organismes les plus atypiques, ceux qui se démarquent nettement des autres, pensant ainsi augmenter les chances de découverte de molécules qui soient, elles aussi, originales. C'est précisément sur ces critères que le micro-organisme qui sera appelé *Streptomyces avermitilis* (renommé en 2002 *S. avermectinius*) sortira du lot de l'échantillon de terre prélevé près du terrain de golf ! Toujours dans son discours, Satoshi Ōmura précisa en effet *que les* *caractéristiques du microbe (*Streptomyces avermitilis*) isolé et cultivé à l'Institut Kitasato étaient uniques et furent des éléments déterminants dans le processus de découverte* (**Cf. Pour aller plus loin « 1 »**).

Le choix de sélectionner cette espèce fut rapidement conforté par les premiers essais biologiques *in vitro* qui démontrèrent une activité antiparasitaire très intense. Le micro-organisme fut alors envoyé pour études complémentaires aux États-Unis chez Merck, un laboratoire pharmaceutique avec lequel Ōmura avait entamé une collaboration de recherche depuis peu. L'évaluation de l'activité *in vivo*, première étape de l'étude, fut réalisée dans le département et sous la responsabilité de William Campbell, qui jouera lui aussi un rôle prépondérant tout au long de la recherche et du développement de l'ivermectine. Dans son discours, lors de la remise du prix Nobel, William Campbell décrivit avec beaucoup d'humour les conditions de cette toute première expérience *in vivo*, d'une extrême simplicité et dont le résultat enthousiasmant allait véritablement signer le démarrage de l'étude approfondie de *S. avermitilis*. Dans cette évaluation du micro-organisme sur Souris, pas de lots d'animaux, pas d'études effet-dose, pas de calculs statistiques, juste une seule souris préalablement infestée par un ver intestinal répondant au doux nom de *Nematospiroides dubius*. Pendant une semaine, l'alimentation de cette souris unique fut additionnée d'un peu de bouillon de culture (jus de fermentation) de *S. avermitilis*. D'autres souris, infestées par le même parasite intestinal, furent soumises au même régime, le bouillon de culture de chaque souris provenant d'un microorganisme différent. Pour résumer, cinquante souris permirent ainsi d'évaluer en une semaine cinquante bouillons de culture d'origine différente. À la fin de la semaine, seule la souris traitée par le bouillon de culture de *S. avermitilis* apparut totalement débarrassée de toute trace du ver parasite. Une seule expérience, sur une seule souris, venait de démontrer la grande efficacité mais aussi l'absence de toxicité d'un simple bouillon de culture brut, pourtant dilué en substances actives.

Des avermectines à l'ivermectine ; indications chez l'animal

Après confirmation par de nouveaux essais de ce résultat très encourageant, la suite logique du travail consista à isoler du bouillon de culture le ou les composés chimiques responsables de l'activité. Le complexe actif isolé, qui fut dénommé avermectine, se révéla être un mélange de huit constituants de même squelette chimique et donc de structures très voisines appartenant à la classe chimique dite des macrocycles lactoniques = macrolides. Après séparation puis évaluation biologique des différents composants du mélange, deux d'entre eux, appelés avermectines B_{1a} et B_{1b} montrèrent l'activité la plus intense. Dans un but d'optimisation de l'activité biologique, de très nombreuses modifications chimiques furent effectuées sur ces avermectines. Le produit qui fut finalement retenu pour la suite des études, en raison d'une activité antiparasitaire plus importante mais aussi d'une toxicité encore plus faible, correspond au mélange hydrogéné des avermectines B_{1a} et B_{1b}. Ce mélange fut appelé ivermectine (*Cf. Pour aller plus loin « 2 »*).

Sous la houlette de William Campbell, la recherche des activités antiparasitaires de l'ivermectine dans le domaine de la santé animale fut alors entreprise. Cette étude de très grande ampleur et faisant appel à des spécialistes de nombreuses disciplines différentes démontra que l'ivermectine était un composé très intéressant :

- par le nombre de parasites, internes et externes, qui se révélèrent sensibles (nombreux nématodes [= « vers ronds »], tiques, poux, mouches du bétail) et qui concernaient aussi bien les animaux d'élevage (bovins, ovins, porcins, chevaux) que les animaux de compagnie ;

- par l'intensité de son activité (environ 25 fois supérieure à celle des anthelminthiques [= qui combattent les vers] présents sur le marché à l'époque).

L'atout supplémentaire de l'ivermectine était sa faible toxicité pour les mammifères, (et donc aussi pour l'Homme) qui s'expliquait très bien par son mécanisme d'action (*Cf. Pour aller plus loin « 3 »*).

Un marché mondial énorme s'ouvrit alors au laboratoire Merck qui commercialisa dès 1981, et avec beaucoup de succès, l'ivermectine comme médicament vétérinaire (Ivomec®, voies orale et SC, pour les bovins, ovins et porcins ; Eqvalan®, voie orale, pour les équins).

L'ivermectine en médecine humaine

L'extension de l'utilisation de l'ivermectine à l'Homme n'allait pas tarder, toujours sous l'impulsion de William Campbell. Le facteur déclenchant survint en 1978 d'Australie où l'ivermectine avait soigné très efficacement des chevaux parasités par un ver, *Onchocerca cervicalis*, dont les larves s'attaquaient à leur peau. Ce ver appartenait au même genre que le parasite, *Onchocerca volvulus*, un ver de la catégorie des filaires, responsable d'une redoutable maladie touchant des dizaines de millions de personnes, essentiellement en Afrique, appelée onchocercose ou cécité des rivières. Cette maladie se manifeste par des symptômes cutanés (démangeaisons intenses et inflammation) et des problèmes oculaires pouvant aller jusqu'à la perte de la vue (*Cf.* **Pour aller plus loin** « *4* »).

Dans la foulée de cette autorisation, Merck engagea un programme de donation sans précédent de l'ivermectine (Mectizan®) concernant au démarrage 11 pays africains, puis étendu en 1995 à 19 autres. Ce programme (le *Mectizan Donation Program*), était d'observance très simple en apparence car consistant en une seule prise annuelle (semestrielle dans certains cas) par voie orale. Il n'aurait cependant pas pu se mettre en place sans une série de collaborations avec l'OMS, la Banque mondiale, diverses ONG, les gouvernements des pays affectés, beaucoup de volontaires et sans la coordination avec d'autres programmes internationaux de lutte contre l'onchocercose. Le traitement est extrêmement simple et concerne, dans les zones infestées, toute la population (malade ou pas). Il doit être prolongé au moins 15 ans, durée de vie des filaires adultes, car il ne tue pas chez les malades les filaires adultes mais seulement les microfilaires, responsables de l'évolution de la maladie. Après 30 ans d'existence, le bilan en chiffres donne le tournis puisque les malades traités se comptent en dizaines de millions, les personnes non malades mais traitées quand même en centaines de millions et les doses d'ores et déjà distribuées en milliards. Les résultats déjà obtenus sont très positifs et permettent d'envisager l'éradication de la maladie à moyen terme... sous réserve que la coopération internationale soutenue se prolonge avec la même volonté et à la condition aussi que des résistances importantes à l'ivermectine ne commencent pas à apparaître.

Pour rester dans les parasitoses des zones tropicales (Afrique, Asie, Amérique Centrale et du Sud), l'ivermectine est également officiellement indiquée depuis 1998 dans le traitement de la filariose lymphatique ou filariose de Bancroft, une maladie due à un autre ver, *Wuchereria bancrofti* (*Cf. Pour aller plus loin « 5 »*). Le programme de donation d'ivermectine a d'ailleurs été étendu au traitement de cette filariose (une prise orale par an ou par semestre) pour les populations qui sont déjà prises en charge dans le programme de lutte contre l'onchocercose.

L'ivermectine (Stromectol®, Iverscal®) est également utilisée dans deux autres parasitoses :

- la strongyloïdose (= anguillulose gastro-intestinale) due à un ver intestinal *Strongyloides stercoralis* ; cette parasitose sévit dans diverses zones tropicales et subtropicales mais aussi, plus rarement dans des zones tempérées ;
- la gale, maladie infectieuse de la peau, causée par un acarien, le sarcopte de la gale, *Sarcoptes scabiei* ; la gale est universellement répandue, touchant aussi bien les pays en développement que les pays développés.

Dans ces deux maladies, le traitement se fait là encore par voie orale et sur un jour.

Enfin, elle est depuis peu également indiquée, par voie cutanée, dans le traitement des lésions inflammatoires de la rosacée chez l'adulte (Soolantra®). Le mécanisme dans cette indication est encore mal connu.

L'ivermectine, mais est-il vraiment nécessaire de le préciser, est inscrite sur la Liste modèle des médicaments essentiels de l'OMS.

Pour conclure

Voilà la fin de l'histoire, enfin provisoirement. Si l'on en croit les très nombreux articles sur l'ivermectine qui continuent à être publiés, il devrait y avoir des prolongements, dans les maladies parasitaires mais pas seulement, les avancées concernant notamment le cancer semblant prometteuses. Pour ne rester que dans les parasitoses, il serait presque plus rapide de dire dans quelle maladie l'ivermectine n'est pas étudiée que l'inverse. Je ne prendrai qu'un exemple, celui du paludisme, sans

L'ivermectine

doute la plus terrible des parasitoses en matière de bilan humain. L'ivermectine y est actuellement étudiée sous l'axe très original suivant : puisque l'anophèle, le moustique vecteur qui transmet par piqûre à l'Homme le *Plasmodium* (agent du paludisme), est sensible à l'ivermectine, l'idée est de mettre la population d'une zone infestée sous ivermectine. En piquant et donc en aspirant le sang, le moustique sera tué. Tel est pris qui croyait prendre, en quelque sorte. Le bien-fondé de cette nouvelle approche a été confirmé en mars 2019 avec la publication des résultats d'une étude réalisée au Burkina Faso, montrant une diminution des cas de paludisme chez les enfants de moins de 5 ans par administration de masse d'ivermectine. Ces premiers résultats sont certes encourageants mais ils posent beaucoup de questions auxquelles il faudra apporter des réponses, concernant notamment la posologie, la périodicité d'administration et le mode d'utilisation de l'ivermectine (seule ou en association avec une ou plusieurs autres substances) et bien entendu, l'innocuité à long terme. Les prochaines études diront si cette nouvelle approche pourrait devenir une alternative ou au moins un complément aux insecticides classiques pour essayer d'éradiquer le parasite *via* son vecteur.

Enfin, il ne faut pas oublier que tous les espoirs dans le domaine antiparasitaire sont toujours à relativiser par la prise en compte de l'apparition, un jour ou l'autre, de résistances aux traitements.

Pour autant, même si l'ivermectine ne devait rien apporter d'autre, tout ce qu'elle a déjà permis d'obtenir représente une très belle histoire qui ferait un très beau scénario de film avec :

- une super héroïne, l'ivermectine évidemment, née d'une magnifique collaboration entre le Japon et les États-Unis. Trente-cinq ans environ après Pearl Harbor, les deux nations œuvrant ensemble pour le bien de l'humanité et, à la clé, la remise du prix Nobel de physiologie ou médecine à un représentant de chacun des deux pays. Tout un symbole !
- des dizaines de millions de personnes, parmi les plus pauvres sur Terre, sauvées de véritables fléaux qui paraissaient inexpugnables.

Mais le trait de génie du scénario, c'est le rôle, complètement à contre-emploi, tenu par le laboratoire pharmaceutique. Au cinéma, le laboratoire pharmaceutique est souvent le méchant ! Si en plus, il est très gros et de surcroît américain, il est même automatiquement le super méchant. Et là, dans le cadre d'un programme de donation, le voici qui distribue gratuitement et par milliards de doses son médicament. Bien sûr, ce laboratoire a fait et continue à engranger des bénéfices considérables avec la vente de l'ivermectine, pour usage humain et surtout pour usage vétérinaire (bétail et animaux de compagnie) dans les pays solvables ; sans doute, derrière la donation, il y a des retombées fiscales et sûrement aussi la construction d'une belle image qui n'a rien à voir avec les scandales ou au moins les dérives dans lesquels il a été cité par ailleurs. Mais il n'empêche, son rôle dans cette belle histoire apparaît éminemment sympathique. Avec tous ces ingrédients, le film, plein de bons sentiments, aurait forcément beaucoup de succès. Puisqu'il se situerait surtout dans les pays chauds, je propose déjà deux titres : *South side story* ou bien *Singing in the sun*.

Pour terminer, sans aucun rapport avec ce qui précède (quoique…), je voudrais avoir une petite pensée pour la langue française. En ces temps de tweets et de SMS, au nombre de signes (caractères, ponctuations et espaces) limité, respectons notre belle langue, ses mots ET ses espaces, sinon ce peut être la porte ouverte à tous les malentendus ! *(cf. page ci-contre)*.

MICROFILAIRE

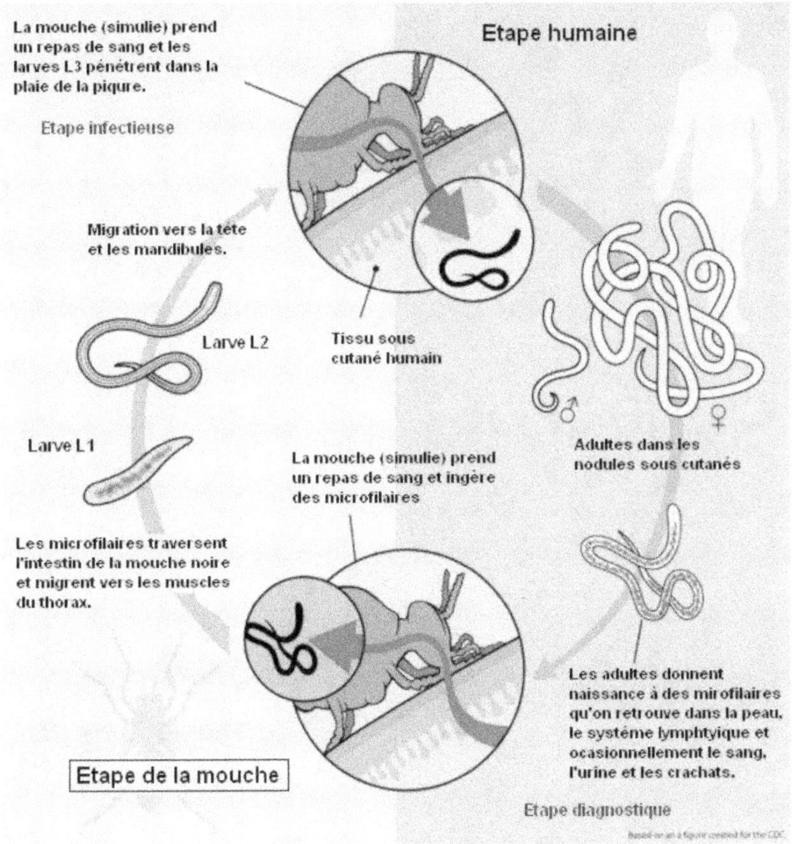

MICRO FILAIRE

L'IVERMECTINE
Pour aller plus loin

Pour aller plus loin « 1 »

Dans le premier article paru sur le sujet en 1979 (*Antimicrob. Agents Chemother.* 1979, *15* (3), 361-367), sont listées toutes les caractéristiques morphologiques et physiologiques qui sont propres à *Streptomyces avermitilis*.

Pour aller plus loin « 2 »

avermectine B_{1a} : R = Me
avermectine B_{1b} : R = Et

Les avermectines, toutes naturelles, sont des macrocycles lactoniques, c'est-à-dire des composés possédant un grand cycle contenant une fonction ester (O=C–O). Une fonction ester incluse dans un cycle s'appelle une lactone, désignée en nomenclature chimique par le suffixe *-olide*. C'est pourquoi le synonyme chimique de macrocycle lactonique est macrolide [1].

Huit avermectines, de structures toutes très voisines, ont été isolées et dénommées avermectines A_{1a}, A_{1b}, A_{2a}, A_{2b}, B_{1a}, B_{1b}, B_{2a} et B_{2b}. La catégorie A se distingue de la catégorie B par la présence d'un groupe OMe à la place du groupe OH en position 5.

ivermectine B_{1a} : R = Me
ivermectine B_{1b} : R = Et

Le mélange naturel d'avermectines B_{1a} et B_{1b} conduit par une réaction d'hydrogénation de la double liaison en 22, 23 à un mélange de deux molécules hémisynthétiques très proches, les ivermectines B_{1a} et B_{1b}, qui n'existaient pas à l'état naturel dans le jus de fermentation. L'ivermectine est définie comme étant le mélange d'ivermectines B_{1a} et B_{1b} dans un rapport d'environ 4/1.

---

[1] Bien que de nombreux médicaments aient un principe actif de structure macrolide (par exemple l'amphotéricine B, antifongique ou encore le sirolimus, immunosuppresseur dont il est question dans ce livre), en langage médical, le terme macrolide désigne uniquement une classe d'antibiotiques antibactériens (dont les représentants sont des macrocycles lactoniques).

L'ivermectine

Pour aller plus loin « 3 »

La faible toxicité de l'ivermectine chez les mammifères et donc chez l'Homme s'explique par son affinité importante pour les canaux [2] chlorure glutamate-dépendants, une cible présente dans les cellules nerveuses et musculaires des invertébrés mais absente chez les mammifères. L'ivermectine entraîne ainsi une paralysie neuromusculaire et la mort des organismes parasitaires.

Pour aller plus loin « 4 »

L'onchocercose ou cécité des rivières est une maladie parasitaire causée par un ver de la catégorie des filaires appelé *Onchocerca volvulus*. La transmission à l'Homme se fait par la piqûre d'une petite mouche noire, la simulie (genre *Simulium*), qui se reproduit près des cours d'eau. Ce sont les larves de ce ver, appelées microfilaires qui, par migration dans le corps de la personne infectée, sont les responsables des manifestations de la maladie :

- aux niveaux cutané et sous-cutané avec des démangeaisons et une inflammation très importantes ; on note aussi une dépigmentation de la peau par plaques (jambe à aspect de « peau de léopard ») ;
- au niveau oculaire, et plus précisément de la cornée, entraînant à l'état chronique une opacité et, au stade ultime, la perte de la vue, d'où le surnom de cette maladie (cécité des rivières).

L'onchocercose touche quasi exclusivement (99%) l'Afrique où elle sévit encore dans 31 pays ; les autres cas concernent encore certains pays d'Amérique du Sud (Venezuela, Brésil) et le Yémen.

---

[2] Il s'agit de canaux ioniques qui sont des structures protéiques traversant la membrane d'une cellule et qui constituent, en position ouverte, un passage entre milieux extra- et intracellulaires par lequel peuvent migrer des ions (chlorure dans le cas présent).

Pour aller plus loin « 5 »

La filariose lymphatique, communément appelée éléphantiasis, est due elle aussi à des vers de la catégorie des filaires dont *Wuchereria bancrofti*, responsable de 90% des cas. La maladie est transmise à l'Homme par la piqûre d'un moustique qui peut être différent d'une région à l'autre. Asymptomatique à ses débuts, la filariose lymphatique, quand elle devient chronique, se traduit par un gonflement puis un épaississement considérable des tissus, en particulier au niveau des membres inférieurs et des organes génitaux. La tentative d'élimination de la maladie passe par une chimiothérapie préventive visant à éliminer les microfilaires chez l'Homme pour empêcher leur transmission aux moustiques, vecteurs de la maladie. Les campagnes de masse de traitement des populations à risque consistent en l'association de deux médicaments : l'albendazole d'une part et, comme second médicament, l'ivermectine ou la diéthylcarbamazine (DEC).

LES RIFAMYCINES
Pathologie principale concernée : la tuberculose

DU RIFIFI CHEZ LE BK

Pour commencer...

Pour vous changer les idées et oublier un peu les molécules, les études cliniques et les indications thérapeutiques, je vous propose une devinette cinématographique. Il s'agit de trouver un film à partir des trois prénoms suivants : Auguste, Jules et Piero.

Le Chœur Des Lecteurs Cinéphiles, abrégé LCDLC :
« *Le dernier prénom fait tout de suite penser à* Pierrot le fou *de Jean-Luc Godard, avec Jean-Paul Belmondo. Ou encore, bien moins connu, à* Pierrot la tendresse *avec Michel Simon.*

L'auteur :
Vous êtes de vrais cinéphiles car qui connaît encore de nos jours ce film Pierrot la tendresse *et les belles chansons de sa bande originale, créées par Guy Béart ? Cela dit, vous n'y êtes pas du tout ; d'ailleurs le Piero dont je vous parle est italien et ne s'écrit donc pas Pierrot. Je vous conseille plutôt de vous concentrer sur les deux autres prénoms.*

LCDLC :
Jules avec Jim, ce serait simple, mais Jules et Auguste ? À moins qu'il s'agisse de Jules César et du premier empereur romain, Auguste (qui s'appelait aussi Octave) et qui était son fils adoptif. Du coup, ce pourrait bien être Cléopâtre, *le film de Joseph Mankiewicz, avec Elizabeth Taylor et Richard Burton. Ou alors, un de ces très nombreux péplums en vogue*

Drôles d'histoires de médicaments d'origine naturelle

dans les années 50 et 60. Ou encore, dans un tout autre genre, un film d'Astérix. Quand le petit Gaulois est là, les Romains ne sont jamais très loin !

L'auteur :
Vous n'y êtes pas du tout. Je vais donc vous donner des indices : c'est un film en noir et blanc des années 50, un polar qui comprend une scène de hold-up d'anthologie (pas loin d'une demi-heure sans dialogue ni musique). Avec tous ces renseignements, vous devriez deviner.

LCDLC :
Bon sang ! Mais c'est bien sûr ! Auguste, c'est Auguste Le Breton, l'auteur du roman et Jules, c'est Jules Dassin, le réalisateur qui en a fait un film. Son titre : Du rififi chez les hommes. *Mais le dernier prénom, Piero, ne nous dit toujours rien. On ne voit pas du tout qui c'est.*

L'auteur :
Félicitations, c'est la bonne réponse !

LCDLC :
Oui mais Piero, c'est qui ?

L'auteur :
Justement, je vais vous raconter son histoire. Ça commence d'ailleurs comme dans un film. »

Scène d'ouverture : 1957 sur la Côte d'Azur, à Saint-Raphaël. En arrière-plan, la Méditerranée et le golfe de Fréjus et au premier plan, dans un arboretum planté de pins, un homme à genoux qui fouille le sol. Que cherche-t-il ? Un trésor caché, un stock d'armes, les preuves d'un crime ? Rien de tout cela, il fait des prélèvements de terre. Son nom ? Ermes Pagani, microbiologiste travaillant pour le laboratoire pharmaceutique italien Lepetit.

Les rifamycines

Scène suivante, la même année : Milan, dans le bureau de Piero Sensi, directeur du département des antibiotiques et des produits naturels du laboratoire Lepetit. Entouré de plusieurs de ses collaborateurs, il annonce qu'un micro-organisme, codé ME/83 et isolé d'un échantillon récolté peu auparavant à Saint-Raphaël par Ermes Pagani, produit des substances antibactériennes qui pourraient être intéressantes. Il décide donc d'en approfondir l'étude : le projet portera le drôle de surnom de « Rififi ». Ce surnom est en fait tiré d'un film noir à succès de l'époque, *Du Rififi chez les hommes*, de Jules Dassin, adapté du roman d'Auguste Le Breton et qui, en anglais, s'appelle tout simplement *Rififi*. Aussi inimaginable que cela puisse paraître (mais nous en reparlerons à la fin de cette histoire), ce film allait être directement à l'origine du nom d'une nouvelle classe d'antibiotiques, les rifamycines, et de tous ses représentants, dont le premier, la rifamycine SV, est sorti en 1963 et le cinquième et dernier pour le moment, la rifaximine, en 2015. Entre-temps avait été commercialisée la rifampicine, le plus illustre de cette saga, qui allait tenir et qui tient encore une place très importante dans la lutte contre la tuberculose.

Avant de poursuivre, petite précision de l'auteur : tout ce qui est important dans ce qui vient d'être écrit est vrai car repris des articles de Piero Sensi et de ses collaborateurs. Certains détails par contre ne le sont peut-être pas car je les ai imaginés : ainsi, même s'il est fort probable que du terrain de Saint-Raphaël où Ermes Pagani a prélevé ses échantillons de sol, on puisse voir la Méditerranée, je n'en ai pas la certitude absolue !

Le micro-organisme ME/83 était une nouvelle espèce qui fut appelée dans un premier temps *Streptomyces mediterranei* mais qui changera par la suite plusieurs fois de nom : *Nocardia mediterranei* en 1969, *Amycolatopsis mediterranei* en 1986 et *Amycolatopsis ryfamicinica* depuis 2004. Du Rififi chez les microbiologistes, en quelque sorte !

Du jus de fermentation à la rifamycine SV

Après une culture de ce micro-organisme dans un milieu liquide approprié (appelé aussi milieu de fermentation), les premiers essais biologiques menés révélèrent une forte activité antibactérienne (*Cf. Pour aller plus loin « 1 »*).

Une étude de la composition chimique du milieu fut alors entreprise, permettant de mettre en évidence plusieurs composés dénommés rifamycines A, B, C, D et E (pour être totalement rigoureux, le premier nom utilisé fut rifomycine, puis le o fut remplacé par un a). Leur isolement et leur évaluation biologique furent rendus très difficiles car ils étaient extrêmement instables, à l'exception de la seule rifamycine B, stable mais très minoritaire (5 à 10% seulement du mélange de rifamycines). Une activité antibactérienne *in vitro* fut bien retrouvée avec la rifamycine B, uniquement vis-à-vis des bactéries à Gram positif et du bacille de la tuberculose (= Bacille de Koch ou BK, *Mycobacterium tuberculosis*), mais elle s'avéra malheureusement beaucoup moins intense que celle du mélange de rifamycines A, B, C, D et E (*Cf. Pour aller plus loin « 2 »*).

Face à ce premier bilan plus que mitigé et incitant plutôt à l'abandon du projet, deux faits allaient néanmoins favoriser la poursuite de l'étude :

- tout d'abord la découverte fortuite des microbiologistes Pinhas Margalith et Ermes Pagani qui constatèrent qu'une certaine modification de la composition du milieu de fermentation simplifiait considérablement le mélange de rifamycines puisqu'il était désormais constitué presque uniquement de rifamycine B (*Cf. Pour aller plus loin « 3 »*) ;
- ensuite l'observation d'une lente augmentation de l'activité antibactérienne de la rifamycine B lorsque celle-ci était laissée à l'air en solution dans l'eau. Cette « activation » de la rifamycine B n'avait en fait rien de mystérieux et reposait sur la structure chimique de la rifamycine et sa réactivité dans l'eau en présence d'oxygène. En étudiant ce phénomène d'« activation » de la rifamycine B, Piero Sensi parvint à obtenir deux autres rifamycines, la rifamycine O et la rifamycine S, dont l'activité antibactérienne *in vitro* s'avéra beaucoup plus importante que celle de la rifamycine B. Malheureusement, leur activité anti-infectieuse ne fut pas confirmée sur l'animal. Poursuivant l'étude, Piero Sensi transforma la rifamycine S en une nouvelle rifamycine, la rifamycine SV, qui se révéla extrêmement active

in vitro sur un certain nombre de bactéries à Gram positif et sur le bacille de la tuberculose, mais aussi moyennement active sur certaines bactéries à Gram négatif. Encore plus intéressant, l'activité antibactérienne était cette fois conservée *in vivo* (sur la Souris par administration parentérale, c'est-à-dire sous forme injectable).

Cette rifamycine SV [1] devint ainsi en 1963 sous le nom commercial Rifocine® le premier médicament commercialisé de la classe des rifamycines ; il était administré par voie locale et par voie injectable dans le traitement des infections à staphylocoque doré. Aujourd'hui, la rifamycine SV est toujours utilisée, mais uniquement par voie locale, dans le traitement d'infections de l'œil (conjonctivites, kératites...) et de l'oreille (otites chroniques).

Pour les lecteurs qui seraient intéressés, une explication (la plus simple possible) de ce phénomène d'activation est fournie dans la seconde partie de ce chapitre, illustrée par un tableau des structures chimiques des quatre rifamycines B, O, S et SV (*Cf. Pour aller plus loin « 4 »*).

De la rifamycine SV à la rifampicine

Piero Sensi qui n'avait pas perdu de vue l'activité sur le bacille de la tuberculose observée *in vitro* avec les rifamycines O et S initia dès 1962 un projet consistant à modifier la structure de ces deux rifamycines dans le but de découvrir un nouveau médicament antituberculeux. Le préalable à ce travail, la connaissance de la structure complète de la rifamycine B (et donc des analogues O et S), fut accompli dès l'année suivante par Vladimir Prelog, chimiste suisse d'origine croate (prix Nobel de chimie en 1975). Une collaboration du laboratoire Lepetit avec le laboratoire suisse Ciba-Geigy fut ensuite engagée, qui se traduisit par la synthèse de

---

[1] La rifamycine SV fut par la suite obtenue directement par extraction du jus de fermentation de souches mutantes d'*Amycolatopsis mediterranei*, sans donc avoir recours au phénomène d'activation.

plus de 200 molécules nouvelles. Parmi celles-ci se trouvait l'oiseau rare : découverte en 1965 et dénommée rifampicine, cette molécule allait devenir le nouvel antituberculeux recherché depuis le début du projet Rififi ! (*Cf. Pour aller plus loin* « *5* »).

En 1969, la rifampicine arriva en France sur le marché sous le nom de Rifadine® et Rimactan®, indiquée dans le traitement de la tuberculose pulmonaire, toujours en association avec d'autres antituberculeux majeurs. Bien que la rifampicine fut alors saluée comme une avancée absolument majeure permettant notamment de réduire la durée du traitement, la tuberculose n'en fut malheureusement pas éradiquée pour autant, continuant à sévir en particulier sur les personnes en situation précaire et sans couverture sociale… La situation se compliqua également au fil des années en raison de l'apparition de souches multirésistantes. Aujourd'hui, si la rifampicine reste un antituberculeux majeur utilisé, essentiellement par voie orale, dans le traitement curatif et préventif de la tuberculose, elle possède également un certain nombre d'indications dans le traitement ou la prophylaxie (= prévention) d'autres maladies infectieuses graves. Elle est inscrite sur la Liste modèle des médicaments essentiels de l'OMS

Depuis l'arrivée de la rifampicine, la classe des rifamycines utilisées en thérapeutique s'est par la suite enrichie de trois nouveaux représentants :

- la rifabutine (Ansatipine®), sur le marché depuis 1993, et la rifapentine, possédant le statut de médicament orphelin en Europe depuis 2010, indiquées notamment dans le traitement de la tuberculose et inscrites sur la Liste modèle des médicaments essentiels de l'OMS
- la rifaximine (Tixtar®), sur le marché depuis 2015, indiquée dans la prévention de la rechute d'encéphalopathie, d'origine hépatique, une pathologie sans rapport avec la tuberculose.

Les rifamycines

Pour conclure

Même si le hasard, habilement exploité par les chercheurs au début de l'étude, a joué un rôle déterminant [2], on ne peut qu'être frappé ensuite par le volontarisme qui a présidé à la découverte de la rifampicine. En effet, dès que l'activité des constituants produits par la souche ME/83 sur le bacille de la tuberculose a été mise en évidence *in vitro*, on a l'impression que Piero Sensi a tout de suite imaginé que le projet pouvait déboucher sur la découverte d'un nouvel antituberculeux. Ensuite, il a fait ce qu'il fallait faire pour le mener brillamment à terme, et le tout en un temps remarquablement court (à peine 12 ans entre la récolte du micro-organisme à Saint-Raphaël et la commercialisation de la rifampicine !).

Je voudrais à ce propos revenir sur le nom *Rififi* donné dès le début par Piero Sensi à ce projet. Il existe en effet pour moi un mystère qui n'a pourtant jamais été évoqué, même pas dans les très nombreux écrits (articles, ouvrages) faisant référence à la surprenante étymologie de cette classe d'antibiotiques antituberculeux. Les deux questions que je me pose et auxquelles Piero Sensi et ses collaborateurs du tout début ne pourront malheureusement plus répondre, car aujourd'hui décédés, sont les suivantes :

1. Lorsque le nom *Rififi* a été choisi, l'activité sur le bacille de la tuberculose avait-elle déjà été observée, ne serait-ce qu'*in vitro* ?
2. Que Piero Sensi connaissait-il du film quand il a choisi le surnom *Rififi* ? L'avait-il vu ou en avait-il simplement entendu parler en raison du grand succès du film à l'époque ? Quelle que soit la réponse, que connaissait-il du personnage principal, Tony le Stéphanois, joué par l'acteur Jean Servais ? Si vous ne comprenez pas le pourquoi de ces interrogations, voici le très bref résumé du film donné par la Cinémathèque française lors de la rétrospective, *Le polar français*, en janvier 2006 :

---

[2] Je veux parler des observations successives de l'enrichissement du milieu de culture en rifamycine B sous certaines conditions, puis de l'augmentation de l'activité biologique de ce composé quand il est laissé en solution aqueuse à l'air.

Tony le Stéphanois vient de passer cinq ans en prison et est atteint de tuberculose. Condamné par la maladie, il prépare un ultime braquage d'une bijouterie.

De toute évidence, le véritable lien entre le film de Jules Dassin et la découverte de Piero Sensi, c'est la tuberculose. De deux choses l'une :

- soit Piero Sensi avait dès 1957 fait ce lien, connaissant donc bien à la fois le film de Jules Dassin et l'action potentiellement antituberculeuse des produits du *S. mediterranei*. Dans ce cas, le choix de ce titre est intentionnel et témoigne d'une belle intuition, presque d'une prescience sur l'avenir thérapeutique de cette étude à peine commencée ;
- soit il n'a pas fait le lien (action antituberculeuse non encore connue et/ou connaissance très sommaire du film) et l'allusion au film par le choix du nom Rififi n'est qu'une pure coïncidence, ce qui est encore plus extraordinaire.

Pour terminer, sachez que le talent dont fit preuve Piero Sensi pour donner un nom aux molécules qu'il découvrait se manifesta encore bien après l'identification de la classe des rifamycines. En 1972, il isola un nouveau micro-organisme producteur d'antibiotiques, appelé (à l'époque car depuis, là aussi, le nom a changé) *Actinoplanes deccanensis*. Du milieu de fermentation de cette bactérie fut extraite une molécule originale qu'il dénomma lipiarmycine A. Cette substance s'avéra en fait être un mélange de plusieurs molécules dont la plus intéressante, la lipiarmycine A3 (DCI fidaxomicine), fut commercialisée, 30 ans plus tard, en 2012 (Dificlir®) comme antibiotique indiqué, par voie orale, chez l'adulte, dans le traitement de l'entérocolite à *Clostridium (Clostridioides) difficile* (utilisation exclusivement à l'hôpital).

Mais au fait, pourquoi donc avoir choisi ce nom lipiarmycine qui, de près ou de loin, n'évoque en aucune manière le micro-organisme producteur ? Parce que les deux premières syllabes *lipiar* ont été imaginées à partir de l'anglais *leap year*, qui signifie année bissextile en français. Vous ne voyez toujours pas le rapport ? Alors voici une ultime petite précision pour vous aider : la souche d'*Actinoplanes deccanensis* avait été isolée un certain… 29 février 1972 !

LES RIFAMYCINES
Pour aller plus loin

Pour aller plus loin « 1 »

Classiquement, la recherche d'une activité antibactérienne se fait dans un premier temps *in vitro* par des méthodes de diffusion en milieu solide ou de dilution en milieu liquide. La quantification de l'activité antibactérienne s'exprime par la CMI (concentration minimale inhibitrice), définie comme la plus petite concentration d'antibiotique qui inhibe toute culture visible d'une souche bactérienne après 24 heures. C'est la méthode de dilution qui a été décrite dans les études préliminaires sur les rifamycines (avec une culture à 37°C pendant 18h pour les bactéries et mycobactéries, à l'exception du BK où elle durait 7 jours). Lorsqu'une activité vis-à-vis d'une bactérie pathogène est observée *in vitro*, elle est alors recherchée *in vivo*, sur un animal préalablement infecté par cette bactérie.

Pour aller plus loin « 2 »

La technique de la coloration de Gram (du nom d'un médecin danois, Hans Christian Joachim Gram, 1853-1938) est une méthode de laboratoire permettant de différencier les bactéries en fonction de leur comportement vis-à-vis de cette coloration. On distingue ainsi les bactéries à Gram positif (Gram +) qui conservent la coloration au cours de l'expérience et les bactéries à Gram négatif (Gram −) qui ne la conservent pas. Cette capacité à conserver ou pas la coloration est en fait étroitement liée à la constitution de la paroi de la bactérie. Cette classification est une aide précieuse pour l'identification des bactéries mais également pour l'instauration d'un traitement antibiotique, certaines classes d'antibiotiques agissant plutôt sur des bactéries à Gram +, d'autres sur des bactéries à Gram −.

Exemples de bactéries à Gram + : les genres *Staphylococcus* (staphylocoques dont le staphylocoque doré est l'espèce la plus souvent rencontrée), *Streptococcus* (streptocoques dont le pneumocoque), *Enterococcus* (entérocoques)...

Exemples de bactéries à Gram − : les genres *Salmonella* (salmonelles), *Escherichia* (dont le colibacille), *Neisseria* (dont le gonocoque)...

Bien que rangé dans les bactéries à Gram + en raison de la constitution de sa paroi, le bacille de Koch prend mal la coloration et est donc classé à part.

Pour aller plus loin « 3 »

Comme le processus de fermentation acidifiait le milieu et donc abaissait le pH, Pinhas Margalith et Ermes Pagani additionnèrent au milieu une solution dite tampon dont le rôle était de stabiliser le pH. Le tampon choisi était le tampon Véronal contenant du barbital, un dérivé de la famille des barbituriques. Constatant la forte simplification du mélange de rifamycines au bénéfice de la rifamycine B et essayant d'en comprendre la raison, les deux scientifiques remplacèrent le tampon Véronal par d'autres tampons, sans barbiturique, mais stabilisant le milieu à la même valeur de pH. La simplification du mélange ne se produisant pas, ils en conclurent qu'elle n'était pas liée à la stabilisation du pH mais bien à la présence du dérivé barbiturique (l'action de simplification, maximale avec le barbital, était également observée avec certains autres barbituriques). Il fut montré bien plus tard (dans les années 2000) que l'action favorable du barbital sur la production de rifamycine B par le micro-organisme pouvait s'expliquer à la fois par une inhibition de la chaîne respiratoire et par une induction du cytochrome P450 (à activité de monooxygénase).

Pour aller plus loin « 4 »

Pour les lecteurs les plus rétifs à la chimie, je vais encore une fois faire appel à la joaillerie avec, cette fois-ci, l'image d'un bracelet qui serait fermé, accroché donc aux deux extrémités de son fermoir. Ce dernier, intercalé dans le bracelet, est une structure bicyclique, dont les

Les rifamycines

atomes de carbone sont numérotés de 1 à 10 (*cf. la formule de la rifamycine B*) et qui est dérivée du naphtalène (la naphtaline du commerce). Le bracelet, correspondant à tout le reste de la structure, est rigoureusement identique dans toutes les rifamycines, et est constitué d'une chaîne essentiellement carbonée (avec aussi des atomes d'azote et d'oxygène) portant diverses fonctions chimiques.

rifamycine B
naphtohydroquinone "protégée"

oxydation
⟶
activation
1re étape

rifamycine O
naphtoquinone "protégée"

hydrolyse | activation 2e étape

rifamycine SV
naphtohydroquinone

réduction
⟵

rifamycine S
naphtoquinone

    Toutes les rifamycines (naturelles et hémisynthétiques) ne se distinguent l'une de l'autre que par le seul cycle de droite de cette structure naphtalénique (au niveau des carbones 1, 3 et 4). Ce sont également les variations de ce seul cycle de droite qui expliquent le fameux phénomène d'« activation » de la rifamycine B.

Dans la rifamycine B, ce cycle de droite porte deux fonctions oxygénées, l'une « libre » OH (en haut, à midi) et l'autre « protégée » OR, ici OCH_2COOH (en bas, à 6 heures). Cette structure est une naphtohydroquinone, protégée sur l'une de ses deux fonctions oxygénées (une naphtohydroquinone « vraie » possède, elle, deux OH). Si l'on remplace les deux fonctions OH et OR par juste deux atomes d'oxygène, chacun doublement lié au cycle, on transforme la forme naphtohydroquinone, faiblement oxydée, en une forme naphtoquinone fortement oxydée. C'est exactement en cela que consiste l'activation de la rifamycine B : en deux étapes se faisant successivement au sein de la solution aqueuse, la rifamycine B se transforme d'abord en une naphtoquinone « protégée » intermédiaire appelée rifamycine O (étape d'oxydation due à l'oxygène de l'air), puis en la naphtoquinone finale, la rifamycine S (étape d'hydrolyse permise par le milieu aqueux).

Ces deux rifamycines, O et S, s'avérèrent beaucoup plus antibactériennes *in vitro* que la rifamycine B, confirmant ainsi l' « activation » qui avait été constatée. Malheureusement, la grande insolubilité dans l'eau de ces deux nouvelles rifamycines ne permit pas de retrouver l'activité anti-infectieuse *in vivo* sur l'animal. Piero Sensi pensa alors à transformer la rifamycine S, naphtoquinone, en une nouvelle rifamycine plus hydrosoluble portant cette fois non pas un OH et un OR comme la rifamycine B de départ mais deux OH, c'est-à-dire, une naphtohydroquinone « vraie » (non « protégée »). Cette opération, inverse d'une oxydation, s'appelle une réduction. Le produit obtenu qu'il appela rifamycine SV se révéla beaucoup plus intéressant car, comme nous l'avons déjà vu, actif *in vitro* mais aussi et surtout *in vivo*.

Pour aller plus loin « 5 »

rifampicine

rifabutine

rifapentine

rifaximine

La comparaison des structures chimiques de la rifamycine SV et de la rifampicine montre comme seule différence l'ajout, en position 3 dans la rifampicine, d'une chaîne dite hydrazone (sur le schéma, signalée par une accolade). Cette modification de structure apporte les deux avantages suivants : une activité supérieure sur les infections à *Mycobacterium* (dont bien sûr la tuberculose) et surtout une très bonne biodisponibilité par voie orale permettant l'utilisation de cette voie d'administration, indispensable à la bonne observance d'un traitement devant durer plusieurs mois. La rifampicine est, de plus, active sur certaines bactéries pathogènes à Gram négatif résistantes à la rifamycine SV.

La rifampicine arriva sur le marché en 1969, indiquée dans le traitement de la tuberculose pulmonaire toujours en association avec d'autres antituberculeux majeurs (pendant 3 mois avec l'isoniazide et l'éthambutol, puis 6 mois avec juste l'isoniazide). L'association est en effet indispensable pour réduire l'émergence de souches résistantes et se justifie sur le plan pharmacologique par la différence de mécanisme d'action de chacun des antituberculeux (inhibition de l'ARN polymérase bactérienne pour la rifampicine).

La rifampicine est aujourd'hui indiquée, essentiellement par voie orale, en traitement curatif (en association avec l'isoniazide, l'éthambutol et le pyrazinamide pendant 2 mois, puis avec juste l'isoniazide pendant au moins 4 mois) et préventif (mono- ou bithérapie avec généralement l'isoniazide). La rifampicine est également prescrite : dans le traitement curatif d'autres infections à mycobactéries sensibles (dont la lèpre, en polythérapie), dans la brucellose et dans des infections graves à bactéries à Gram positif (staphylocoques, entérocoques) ou négatif sensibles ; en prophylaxie des méningites à méningocoques.

Les trois autres rifamycines hémisynthétiques utilisées en thérapeutique (*cf. les structures sur le tableau*) sont :

- la rifabutine, indiquée par voie orale dans la tuberculose multirésistante (en particulier à la rifampicine) et le traitement et la prévention d'infections à *Mycobacterium avium-intracellulare Complex* (MAC) chez le sujet infecté par le VIH ;
- la rifapentine, médicament orphelin en Europe, indiquée dans le traitement de la tuberculose pulmonaire non-résistante et aux États-Unis (depuis 1998) dans cette même indication ainsi que dans l'infection tuberculeuse latente ;
- la rifaximine, indiquée par voie orale non pas dans la tuberculose mais dans la prévention des rechutes d'épisodes d'encéphalopathie hépatique clinique chez les patients adultes (la rifaximine inhibe la multiplication des bactéries responsables de la désamination de l'urée, ce qui réduit la production d'ammoniac et des autres composés considérés comme importants dans la genèse de l'encéphalopathie hépatique).

LE SIROLIMUS (= LA RAPAMYCINE) ET SES DÉRIVÉS
Pathologies concernées : le rejet de greffe, le cancer, l'insuffisance coronarienne, etc.

À PÂQUES MAIS PAS À LA TRINITÉ

Pour commencer...

Le 6 avril 1722, l'explorateur néerlandais Jakob Roggeveen abordait sur les rivages d'une île encore inconnue, située dans l'océan Pacifique à environ 3500 kilomètres des côtes chiliennes. Les habitants de cette île l'appelaient en langue polynésienne *Rapa Nui*, mais comme le 6 avril 1722 était le dimanche de Pâques, Roggeveen la dénomma Île de Pâques. En parcourant l'île, il découvrit un patrimoine archéologique vraiment étonnant, constitué de centaines de statues de pierre (les *moaï*) mesurant plusieurs mètres de haut (jusqu'à 10 m) et pouvant peser jusqu'à 80 tonnes pour les plus grosses.

Dans un ordre de grandeur tout à fait différent, puisque se situant cette fois à l'échelle du micron (= un millionième de mètre), une équipe de microbiologistes conduite par Suren Sehgal (du laboratoire canadien Ayerst Pharmaceuticals) décrivait en 1975 l'isolement d'une souche (nommée AY B-994) de l'actinobactérie *Streptomyces hygroscopicus* à partir d'un échantillon de terre prélevé sur l'Île de Pâques au cours d'une expédition scientifique canadienne de 2 mois en 1964-1965 [1]. La culture

---

[1] À cette époque, Georges Nógrády, microbiologiste de l'université de Montréal, préleva un grand nombre d'échantillons de sol pour essayer de comprendre pourquoi le tétanos, dû à une bactérie, *Clostridium tetani*, présente dans la terre et les excréments, était quasi absent sur l'île malgré un mode de vie [nombreux chevaux ; habitants marchant pieds nus] qui aurait dû le favoriser. Les analyses confirmèrent la grande rareté de *C. tetani* dans ces échantillons, qui furent conservés à basse température puis donnés en 1969 au laboratoire Ayerst.

de cette bactérie par l'équipe de Suren Sehgal allait conduire à l'isolement d'une nouvelle molécule présentant une activité antifongique (c'est à dire active contre certains champignons pathogènes). L'origine géographique de cette souche bactérienne ainsi que l'activité antifongique expliquent le nom de rapamycine (*Rapa-mycine*) qui fut donné à cette molécule. Comme nous allons le voir, la suite des travaux sur la rapamycine allait réserver bien des surprises et aboutir à la découverte d'une nouvelle classe de médicaments utilisés dans des indications n'ayant aucun rapport avec l'activité antifongique initialement observée ; elle allait aussi permettre d'identifier une nouvelle cible thérapeutique aujourd'hui encore très étudiée.

De l'activité antifongique à l'immunosuppression

Sur le plan chimique, les premières études sur la rapamycine révélèrent d'emblée que cette molécule était nouvelle et complexe. C'est l'analyse par diffraction des rayons X qui détermina totalement la structure de la rapamycine et montra qu'elle appartenait à la classe chimique des macrocycles lactoniques ou macrolides [2] (*Cf. Pour aller plus loin « 1 »*).

Sur le plan biologique, l'activité antifongique de la rapamycine, en particulier vis-à-vis de la levure *Candida albicans*, ne fut pas jugée suffisamment intéressante pour justifier un développement ultérieur. Malgré la découverte d'autres activités prometteuses (inhibition de la réponse immunitaire chez le Rat en 1977, action cytotoxique sur plusieurs lignées de cellules cancéreuses en 1981), les recherches furent arrêtées en 1982 pour ne reprendre qu'à la fin des années 80, toujours sous l'impulsion de Suren Sehgal, suite à la fusion des laboratoires Ayerst et Wyeth (entre-temps, Sehgal conserva ce précieux *S. hygroscopicus* dans son réfrigérateur, bien fermé à côté des crèmes glacées, avec juste la mention « Don't eat » !).

Pour comprendre pourquoi le développement de la rapamycine fut repris et orienté sur l'activité immunosuppressive, il faut rappeler l'état de l'avancée des recherches dans ce domaine à cette époque.

Au début des années 80 (1983 en France), le laboratoire suisse Sandoz (aujourd'hui Novartis) commercialisa la ciclosporine (DCI) sous le nom commercial Sandimmun®, un médicament immunosuppresseur qui allait révolutionner le pronostic des greffes et des transplantations d'organes en diminuant considérablement les risques de rejet. La ciclosporine avait été découverte (sous le nom de cyclosporine A) en 1973 à partir du jus de fermentation d'un champignon microscopique, *Tolypocladium inflatum*, identifié dans un échantillon de terre rapporté de Norvège en 1970. Pour rester le plus simple et succinct possible, on peut dire que la ciclosporine, un polypeptide cyclique de 11 acides aminés, exerce son action immunosuppressive *via* l'inhibition d'une protéine

---

[2] Une fonction chimique ester incluse dans un cycle s'appelle une lactone, désignée par le suffixe -olide. C'est pourquoi le synonyme chimique de macrocycle lactonique est macrolide. Bien que de nombreux médicaments aient un principe actif de structure macrolide (par exemple l'amphotéricine B, antifongique, ou encore l'ivermectine, antiparasitaire majeur, présentée dans ce livre), en langage médical, le terme macrolide désigne uniquement la classe d'antibiotiques antibactériens dont les représentants sont des macrocycles lactoniques.

appelée calcineurine. En 1987, une équipe japonaise du laboratoire Fusijawa Pharmaceutical décrivit l'isolement, la structure chimique et les propriétés immunosuppressives d'une nouvelle molécule (nom de code FK-506), extraite du jus de fermentation d'un autre *Streptomyces, S. tsukubaensis*. Bien que possédant une structure chimique de macrolide, complètement différente de celle de la ciclosporine, FK-506 s'avéra agir comme la ciclosporine, par inhibition de la calcineurine. Fusijawa Pharmaceutical (situé dans le district de Tsukuba-gun) développa cette molécule, sous la DCI tacrolimus (**T**sukuba **macrol**ide **immu**nosuppressant), ce qui allait aboutir à sa mise sur le marché au milieu des années 90 (1995 en France) sous le nom commercial Prograf®, avec des indications dans le domaine des transplantations d'organes voisines de celles de la ciclosporine.

C'est donc à la fois la grande parenté structurale entre le tacrolimus et la rapamycine (rappelons que ce sont tous les deux des macrolides) et le développement comme immunosuppresseur du tacrolimus, pourtant découvert après la rapamycine, qui expliquèrent la reprise de l'étude de la rapamycine dans le domaine de l'immunosuppression.

La cible moléculaire de la rapamycine, inédite, fut découverte en 1991 par Rao Movva, Michael Hall et Joe Heitman chez la levure *Saccharomyces cerevisiae*, sous la forme de deux protéines de structures proches, inhibées par la rapamycine, et baptisées pour le coup TOR (*Target Of Rapamycin*) 1 et 2. Cette même cible fut ensuite retrouvée (avec des structures voisines) sur des invertébrés (ver, mouche) puis chez des mammifères (Souris, Homme) où elle prit alors le nom de mTOR (m comme *mammalian*).

Une comparaison des mécanismes d'action de la ciclosporine, du tacrolimus et de la rapamycine est donnée un peu plus loin pour les lecteurs qui seraient intéressés (*Cf. Pour aller plus loin « 2 »*) ; à ce stade de la lecture, on peut juste la résumer de la façon suivante :

- la ciclosporine et le tacrolimus ont des structures chimiques très différentes MAIS un mécanisme immunosuppresseur identique ;
- le tacrolimus et la rapamycine ont des structures chimiques voisines MAIS un mécanisme immunosuppresseur foncièrement différent !

Le sirolimus (= la rapamycine) et ses dérivés

Les surprenantes conclusions de cette comparaison sont une belle illustration des surprises (et des joies !) de la recherche scientifique !

De l'immunosuppression à l'activité antiproliférative et anticancéreuse

Ce mécanisme immunosuppresseur original, par inhibition de la mTOR, une cible thérapeutique nouvelle, renforça évidemment l'intérêt de la rapamycine. La DCI sirolimus (rappelant la fonction macrolide et l'action immunosuppressive) fut créée en vue d'une possible commercialisation. Et c'est ainsi qu'au début des années 2000 (2001 en France), la rapamycine (DCI sirolimus) arriva sur le marché sous le nom commercial Rapamune®. Son indication thérapeutique actuelle concerne la prévention du rejet du greffon après transplantation rénale, en association d'abord avec la ciclosporine et des corticoïdes, puis éventuellement avec des corticoïdes seulement. En 2004, un dérivé hémisynthétique du sirolimus, l'évérolimus (DCI), fut commercialisé sous le nom de spécialité Certican® comme immunosuppresseur dans le traitement préventif du rejet du greffon (cœur, foie, rein), en association avec la ciclosporine ou le tacrolimus et des corticoïdes. Ces associations de principes actifs reposent sur la différence de leurs mécanismes d'action, entraînant une complémentarité entre les constituants du traitement et donc une plus grande efficacité (on associe ainsi un inhibiteur de calcineurine avec un inhibiteur de mTOR et des corticoïdes). Par contre, une association entre, par exemple, la ciclosporine et le tacrolimus, deux immunosuppresseurs de même mécanisme d'action, n'est jamais prescrite car, non seulement elle ne servirait à rien sur le plan de l'efficacité, mais surtout elle additionnerait les toxicités (en particulier au niveau rénal dans ce cas).

L'intérêt de ces inhibiteurs de mTOR ne se cantonna pas à l'immunosuppression car les études sur la mTOR révélèrent rapidement d'autres potentialités thérapeutiques : en effet il fut montré que la mTOR favorisait les processus de croissance, prolifération et survie cellulaires ; de plus, il fut observé que son activité était augmentée dans certaines maladies dont évidemment certains cancers. Ces constatations confirmaient d'ailleurs les effets de la rapamycine observés dès 1981 sur plusieurs lignées de cellules cancéreuses par le NCI (qui avait jugé « fantastique » l'activité de la rapamycine et aurait souhaité poursuivre l'étude).

Si le sirolimus lui-même n'a pas d'indication thérapeutique en cancérologie, deux de ses dérivés, le temsirolimus et l'évérolimus (déjà vu), dérivés hémisynthétiques du sirolimus (c'est-à-dire obtenus par modification de la structure de ce dernier), ont des indications en cancérologie depuis respectivement 2007 et 2009 (*Cf. Pour aller plus loin « 3 »*).

De l'intérêt de l'activité antiproliférative dans l'insuffisance coronarienne

La dernière forme d'utilisation du sirolimus et de plusieurs de ses analogues que je vais présenter ne s'applique plus à des médicaments, mais à des dispositifs médicaux connus sous le nom d'endoprothèses (couramment désignés par stents). Ces derniers sont surtout utilisés chez des malades atteints de sténose (= rétrécissement) des artères coronaires due à la présence de plaques d'athérome et souffrant de ce fait d'insuffisance coronarienne (soit en phase aiguë lors d'un infarctus du myocarde, soit en cas de risque élevé d'évolution vers un infarctus). Un des traitements de choix est l'angioplastie coronaire qui consiste à dilater la partie sténosée de l'artère à l'aide d'un ballon de diamètre adapté à la taille de la coronaire et positionné via des sondes sous contrôle radiologique. Le gonflement du ballon va alors permettre d'écraser l'athérome dans la paroi artérielle et ainsi de réouvrir la lumière de l'artère. La procédure est habituellement complétée par la mise en place du stent, petit treillis métallique cylindrique serti sur le ballon et qui restera implanté dans l'artère, consolidant sa dilatation, après retrait du ballon. Malheureusement, dans les semaines suivant l'intervention, une resténose est fréquemment observée, due à une prolifération cellulaire au niveau du stent en réaction à l'angioplastie (*Cf. Pour aller plus loin « 4 »*). Pour combattre cette complication sont apparus vers le début des années 2000, aux côtés des stents classiques, des stents dits pharmacoactifs (ou endoprothèses coronaires pharmacoactives) car recouverts d'une substance immunosuppressive et/ou antiproliférative.

Le sirolimus (= la rapamycine) et ses dérivés

Cette dernière diffuse en agissant uniquement localement (pas d'action générale) dans les premiers mois suivant l'intervention, diminuant ainsi fortement le risque de resténose précoce. Au fil des années, les stents pharmacoactifs sont devenus très majoritaires (représentant, en 2016, 93% des stents posés en France, sur environ 160 000 patients, *versus* 7% de stents nus ou de stents recouverts mais non pharmacoactifs). Soulignons qu'en 2019, tous les stents pharmacoactifs utilisés en France contiennent le sirolimus ou l'un de ses analogues (évérolimus, zotarolimus, umirolimus) [3].

Pour conclure ce passage en revue des différentes applications thérapeutiques du sirolimus et de ses dérivés, il est important de préciser que leur utilisation entraîne bien évidemment un certain nombre d'effets indésirables et nécessite surveillance et respect scrupuleux des précautions d'emploi (ce qui ne sera pas détaillé ici).

Pour conclure

Ce récit a donc montré comment le contexte de l'époque (avancement des recherches sur les immunosuppresseurs) d'une part, et la découverte de la mTOR d'autre part ont influencé de façon décisive les travaux sur la rapamycine, aboutissant à des indications thérapeutiques multiples n'ayant aucun rapport avec les objectifs de l'étude initiale. C'est d'ailleurs principalement pour cette raison que l'histoire de la rapamycine, de sa découverte aux applications thérapeutiques, me semblait intéressante à présenter.

Je voudrais continuer et conclure avec un sujet d'études sur la rapamycine qui fait l'objet de beaucoup de publications depuis une dizaine d'années, celui d'un effet d'allongement de la durée de la vie. Tout un programme puisque le fantasme de l'immortalité n'est pas loin !

---

[3] Le paclitaxel (ou taxol), molécule antiproliférative, a aussi été utilisé pour la fabrication de stents coronaires pharmacoactifs, mais il ne l'est plus en France en 2019 (rapport de la Haute Autorité de Santé de mai 2018).

Même si l'inhibition de la voie de signalisation mTOR avait déjà été corrélée à une augmentation de la durée de vie chez la levure de bière, des vers ou des insectes, c'est une publication de 2009 dans le prestigieux journal *Nature* qui allait véritablement propulser les recherches dans ce domaine. L'article décrivait en effet pour la première fois une action d'allongement de la durée de vie par la rapamycine chez un mammifère (souris mâles [9%] et femelles [14%]). Dans une nouvelle étude publiée en 2014 par la même équipe, mais avec des doses trois fois supérieures, les pourcentages s'élevèrent alors respectivement à 23 et 26%.

Bien que ces résultats soient paradoxaux (car ils rapportaient qu'un composé diminuant le système immunitaire et donc les défenses de l'organisme allongeait la durée de vie) et posent plus de questions qu'ils n'apportent de réponses, un essai clinique fut lancé au Texas en 2016, non pas sur des sujets déjà malades (comme cela avait déjà été fait) mais sur des personnes âgées en bonne santé [4]. Son but était, d'une part de s'assurer que le traitement était bien toléré, et d'autre part de mesurer l'impact sur le statut immunitaire [5] et les performances physiques et cognitives des sujets. Ses résultats, publiés en 2018, montrèrent une tolérance globalement bonne au traitement, mais ne révélèrent aucun changement dans les trois domaines étudiés. Pour autant, les auteurs concluent qu'au vu de ces résultats, un essai plus important sur un échantillon plus grand et sur une durée plus longue apparaissait justifié.

---

[4] L'essai clinique lancé au Texas en 2016 était de dimension modeste : échantillon de 25 personnes (âgées de 70 à 95 ans) réparties en deux groupes recevant respectivement une prise quotidienne de rapamycine (1mg) ou un placebo ; durée de l'essai : 8 semaines.

[5] Signalons à ce sujet une étude sur des volontaires âgés, réalisée sous l'égide du laboratoire Novartis et publiée en 2014, qui rapporta une amélioration de l'immunocompétence (souvent dégradée chez les sujets âgées) et donc un effet immunostimulant sous l'action de l'évérolimus. Ce résultat, là aussi paradoxal par rapport au pouvoir immunodépresseur connu de la rapamycine et de ses analogues, pose des questions dont les réponses n'arriveront un jour que grâce à une meilleure connaissance des propriétés et du fonctionnement de cette fameuse cible mTOR, ce qui prendra du temps.

Le sirolimus (= la rapamycine) et ses dérivés

Début 2019, d'autres scientifiques, mettant en avant des résultats positifs observés sur souris traitées par la rapamycine pour maladie neurodégénérative, plaidèrent pour le lancement d'essais cliniques sur des individus souffrant de la maladie d'Alzheimer.

On le voit, une grande effervescence mais aussi beaucoup de questions et d'incertitude sur son intérêt réel comme traitement anti-vieillissement chez l'Homme entourent la rapamycine (curieusement toujours dénommée ainsi, par son nom de molécule naturelle, et non par sa DCI sirolimus). Malheureusement, il est fort à craindre que certains n'attendront pas les réponses et qu'un commerce de « pilules de longue vie » ou d'élixir de jouvence (qu'on pourrait appeler, pourquoi pas, le sirop Limus !) apparaîtra sur internet dans les années à venir, ce qui risque d'être dramatique. L'on peut déjà parier qu'en pareil cas, la publicité ne manquera pas d'évoquer alors un produit « miracle » venu de l'Île de Pâques, cette île où les statues géantes semblent depuis des siècles défier le temps...

LE SIROLIMUS (= LA RAPAMYCINE) ET SES DÉRIVÉS
Pour aller plus loin

Pour aller plus loin « 1 »

R =				
R = ''''OH	sirolimus = rapamycine	N	G+, C-, S+
R = ''''OMe	évérolimus	HS	G+, C+, S+
R = (groupe ester avec Me, OH, OH)	temsirolimus	HS	G-, C+, S-
R = ''''O-CH2-O-Me	umirolimus	HS	G-, C-, S+
R = tétrazole	zotarolimus	HS	G-, C-, S+

Origine : N = Naturel ; HS = Hémisynthétique. Indications : G = Greffes ; C = Cancers ; S = Stents

La rapamycine ou sirolimus et ses dérivés (rapalogues) sont des macrocycles lactoniques. Ils ne diffèrent entre eux que par la nature du substituant R fixé sur le carbone numéro 40.

Pour aller plus loin « 2 »

La ciclosporine et le tacrolimus d'une part, la rapamycine (= sirolimus) et ses dérivés d'autre part, agissent sur deux cibles différentes :
- la ciclosporine et le tacrolimus sont des inhibiteurs de la calcineurine, une protéine enzymatique de la classe des protéine phosphatases (enzymes de déphosphorylation par hydrolyse d'une liaison ester phosphate) ;
- la rapamycine est un inhibiteur de la mTOR (*mammalian Target of Rapamycin*), une protéine enzymatique de la classe des protéine kinases (enzymes de phosphorylation par création d'une liaison ester phosphate).

Dans tous les cas, l'inhibition de la cible protéique n'est pas faite directement par le principe actif lui-même mais par un complexe préalablement formé entre le principe actif et une autre protéine :
- la ciclosporine se lie à une protéine appelée cyclophiline et c'est le complexe ciclosporine-cyclophiline qui inhibe la calcineurine ;
- le tacrolimus (= FK-506) se lie à une protéine appelée FKBP12 (pour *FK-506 binding protein12*) et c'est le complexe tacrolimus-FKBP12 qui inhibe la calcineurine ;
- la rapamycine se lie à cette même protéine appelée FKBP12, mais dans ce cas le complexe rapamycine-FKBP12 inhibe la mTOR, elle-même combinée sous forme d'au moins deux complexes multiprotéiques appelés mTORC1 et mTORC2.

Ces deux types d'inhibition sont à l'origine de l'action immunosuppressive (ou plutôt immunodépressive). Cette action s'exerce au niveau des lymphocytes selon deux mécanismes distincts que nous n'abordons pas ici.

Le sirolimus (= la rapamycine) et ses dérivés

Pour aller plus loin « 3 »

Le temsirolimus (DCI), commercialisé en France depuis 2007 sous le nom de spécialité Torisel®, est indiqué, en perfusion IV, pour le traitement de première intention de l'adénocarcinome rénal avancé et dans les formes réfractaires ou en rechute d'un type de lymphome (dit à cellules du manteau). Le temsirolimus est ce que l'on appelle une prodrogue (ou précurseur pharmacologique), c'est-à-dire une molécule libérant par métabolisation dans l'organisme le véritable principe actif qui n'est autre ici que le sirolimus. Le temsirolimus est donc une forme hydrosoluble du sirolimus permettant l'administration par voie IV.

L'évérolimus (DCI), déjà commercialisé comme immunosuppresseur en France depuis 2004 (spécialité Certican®), est aussi indiqué à plus fortes doses en cancérologie depuis 2009 en France (spécialité Afinitor®), dans le traitement, sous certaines conditions, de formes avancées de cancers (cancer du rein, tumeurs neuroendocrines d'origine pancréatique, gastro-intestinale ou pulmonaire, cancer du sein avancé avec récepteurs hormonaux positifs) ; enfin depuis 2017, il est également indiqué (spécialité Votubia®) dans certaines manifestations d'une maladie génétique rare (la sclérose tubéreuse de Bourneville).

Pour aller plus loin « 4 »

La paroi d'une artère est composée de trois tuniques qui sont, de l'intérieur vers l'extérieur : l'intima, la media et l'adventice. L'athérome est un dépôt, sous forme de plaque, localisé à l'interface de l'intima et de la media d'une artère. La composition de la plaque, évolutive avec le temps, comprend notamment des débris cellulaires provenant de l'artère, des macrophages, des acides gras, du cholestérol. Réduisant la lumière de l'artère et pouvant se fissurer et se détacher, la plaque d'athérome est à l'origine, localement de thromboses (formation d'un caillot sanguin) et, à distance, d'embolies (obstruction de la circulation sanguine par migration du caillot ou de la plaque d'athérome).

Une plaquette sanguine (synonyme thrombocyte) est une « cellule » du sang, constituant d'une des lignées sanguines. L'activation plaquettaire, bénéfique dans l'arrêt d'un saignement (hémostase), est néfaste lors de la formation de thromboses artérielles.

Un macrophage est une cellule tissulaire du système immunitaire, provenant d'un monocyte sanguin. Il possède de nombreuses fonctions en rapport en particulier avec l'immunité et l'inflammation.

Lors de l'angioplastie coronarienne, l'écrasement de la plaque d'athérome puis la pose du stent peuvent endommager un peu la paroi de l'artère. Pourront s'ensuivre alors différents phénomènes : activation des plaquettes sanguines et des macrophages, prolifération et migration de cellules de la paroi de l'artère vers le stent provoquant la resténose dans les semaines suivant l'intervention.

LES TAXANES (1ʳᵉ partie) : LE PACLITAXEL (TAXOL®)
Pathologie concernée : le cancer

ATTENTION, UN TAXOL PEUT EN CACHER UN AUTRE !

1935 : Dans une pharmacie parisienne

La cliente, Mme Bouzigues :
« *Bonjour.*

Le pharmacien :
Bonjour Mme Bouzigues, comment ça va ?

Mme Bouzigues :
Oh, ça ne va pas fort, j'ai l'impression que je dois faire une crise de foie et puis en plus, j'arrive plus à aller à la selle. Ça fait bien 4 jours, je suis complètement bloquée. Vous auriez quelque chose ? Je ne veux pas aller chez le docteur juste pour ça.

Le pharmacien :
Je vous conseille un excellent médicament, ça s'appelle le Taxol et ça marche bien.

Mme Bouzigues :
Ce n'est pas trop fort, genre purgatif ? Parce que je suis assez sensible et je ne voudrais pas que ça me rende encore plus malade.

Drôles d'histoires de médicaments d'origine naturelle

Le pharmacien :
Rassurez-vous, Mme Bouzigues, le Taxol est absolument sans danger et il agit tout en douceur. Avec lui, vous n'aurez aucun problème. Vous commencerez par 2 comprimés après chaque repas puis vous diminuerez la dose quand ça ira mieux. Vous le voyez sur la réclame : il n'y a pas d'accoutumance.

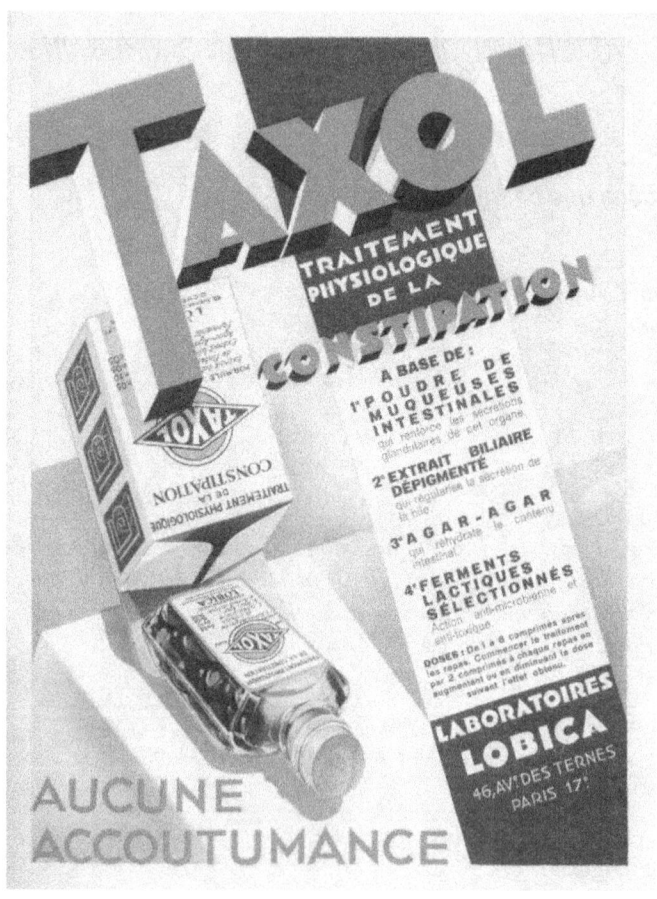

Mme Bouzigues :
Ça doit être uniquement à base de plantes ?

Les taxanes

Le pharmacien :
Pas vraiment, c'est un mélange d'extraits biliaires et de poudre de muqueuse intestinale pour rééduquer votre vésicule et votre intestin paresseux. En plus, il y a des ferments lactiques pour rééquilibrer votre flore intestinale et de l'agar-agar (ça s'appelle aussi de la gélose, ça vient des algues) pour combattre la constipation. De plus, je ne suis pas chauvin, mais pourquoi ne pas le dire, c'est un laboratoire français qui le fabrique, le laboratoire Lobica.

Mme Bouzigues (qui se met à rire)
Si je comprends bien, vous me conseillez de soigner ma constipation avec le Taxol du laboratoire Lobicaca.

Le pharmacien (un peu interloqué par la répartie inattendue de Mme Bouzigues, mais ne le montrant pas) :
Mme Bouzigues, je suis content de constater que vos problèmes intestinaux ne vous ont pas fait perdre le sens de l'humour.

Mme Bouzigues :
Et pourtant je n'ai pas du tout le cœur à rire avec ce qui se passe en Allemagne. Cet Hitler ne me plaît vraiment pas et même me fait peur.

Le pharmacien :
À moi aussi il ne me plaît pas du tout, mais il ne me fait pas peur. S'il devient agressif, on saura lui rappeler, croyez-moi, qui a gagné la bataille de Verdun. Et puis, ne l'oubliez pas, nous sommes protégés par la ligne Maginot, il n'y a rien à craindre. De toute façon, je vous le dis, Mme Bouzigues, la France et l'Angleterre ne le laisseront jamais faire, ça j'en suis certain, faites-moi confiance.

Mme Bouzigues :
Si vous le dites... »

Drôles d'histoires de médicaments d'origine naturelle

1961 : *Dans la même pharmacie, avec le même pharmacien*

La cliente :
« *Bonjour.*

Le pharmacien :
Bonjour Madame, vous désirez ?

La cliente :
Je voudrais quelque chose contre la constipation, mais pas quelque chose de trop violent. Je ne veux pas avoir des spasmes.

Les taxanes

Le pharmacien :
Vous êtes souvent constipée ?

La cliente :
Oui assez souvent, mais ça doit être de famille car je me souviens que ma mère l'était fréquemment au même âge.

Le pharmacien :
Je vous conseille du Taxol, c'est un vieux médicament qui donne toujours de bons résultats.

La cliente :
C'est amusant, mais ce nom de Taxol me dit quelque chose car j'ai l'impression que ma mère en prenait déjà dans les années 30. D'ailleurs, elle habitait dans le quartier, et elle était peut-être cliente chez vous ou votre prédécesseur.

Le pharmacien :
Je me suis installé ici en 1930 ; comment s'appelle-t-elle ?

La cliente :
Elle est morte, mais elle s'appelait Mme Bouzigues.

Le pharmacien :
Je suis vraiment désolé pour votre maman d'autant que je me souviens très bien d'elle et de son problème de constipation. Je vais vous dire pourquoi et je suis sûr que vous allez rire. Figurez-vous que ce médicament était et est d'ailleurs toujours fabriqué par un laboratoire français qui s'appelle Lobica. Le jour où je l'ai conseillé à votre mère, elle m'a répondu du tac au tac, avec un large sourire : puisqu'il traite la constipation votre Taxol Lobica, ce serait plutôt le laboratoire Lobicaca !!! Vous comprenez pourquoi, même au bout de 30 ans, je n'ai pas oublié ce jeu de mots. Sans indiscrétion, puis-je vous demander quand votre mère est décédée ?

Drôles d'histoires de médicaments d'origine naturelle

La cliente :
Au début de la guerre, tuée par un avion allemand pendant l'exode.

Le pharmacien :
Ah c'est bien triste, d'autant que cette guerre n'aurait jamais dû avoir lieu et les boches n'auraient jamais dû nous envahir si on avait eu la clairvoyance et le courage d'arrêter Hitler dès le début, quand il était encore temps. C'est d'ailleurs ce que j'ai toujours dit. Hélas, nos hommes politiques et nos militaires ne juraient que par la ligne Maginot, persuadés, les naïfs, qu'elle pouvait nous protéger.

La cliente :
Enfin, tout ça c'est du passé, même s'il n'y a pas un jour où je ne pense pas à ma mère. Cela dit, côté invasion, aujourd'hui c'est heureusement beaucoup plus pacifique, je veux parler de la mode des chanteurs yéyé, on n'entend plus qu'eux.

Le pharmacien :
Moi, je ne les aime pas, je préfère la vraie chanson française comme André Claveau et Line Renaud (le pharmacien, soudain tout guilleret et regardant sa cliente, se met à fredonner : ♪ ♪ *Toi, ma p'tite folie, toi ma p'tite folie, mon p'tit grain de fantaisie...* ♪♪).

La cliente (un peu gênée par les paroles de la chanson) :
Il ne faut quand même pas tous les rejeter en bloc. Tenez, y en a un qui me plaît bien, belle gueule, comme on dit, et de la voix ; il s'appelle Johnny Hallyday, mais il n'est peut-être pas plus américain que vous et moi.

Le pharmacien :
Alors là, s'il en est un que je ne supporte vraiment pas, c'est bien celui-là. Mais, vous pouvez me faire confiance, ce Johnny, comme on dit, c'est un feu de paille, dans un an tout le monde l'aura oublié.

Les taxanes

La cliente :
Si vous le dites... »

2001 : À l'hôpital, dans un service de cancérologie

Le médecin :
« *Madame, je ne vous cacherai pas que la biopsie a malheureusement confirmé les examens précédents. Une intervention chirurgicale pour enlever la tumeur est donc indispensable. Cette opération règlera peut-être définitivement vos problèmes mais je ne peux pas vous l'affirmer à ce stade.*

La patiente :
Docteur, je ne me faisais pas beaucoup d'illusions sur ce que vous alliez m'annoncer. Mais si la chirurgie ne suffisait pas, quel serait le traitement complémentaire ?

Le médecin :
Il s'agirait, Madame, de séances de chimiothérapie, mieux tolérées et surtout plus efficaces qu'autrefois grâce à l'introduction d'un récent médicament qui nous vient des États-Unis et qui s'appelle le Taxol®. Mais je vous vois sourire, puis-je vous en demander la raison ?

La patiente :
Excusez-moi docteur, mais le nom de ce médicament ne m'est pas inconnu. Ma mère et aussi ma grand-mère, paraît-il, en prenaient déjà il y a bien longtemps contre la constipation.

Le médecin :
Je pense que vous faites une confusion, chère Madame, car ce médicament vient d'être commercialisé en France. De toute façon, le taxol, je veux parler du principe actif, n'a été décrit et nommé ainsi qu'en 1967, après qu'il a été isolé de l'écorce d'un arbre américain, l'if du Pacifique, un cousin de l'if qui pousse chez nous. Malgré les apparences,

je ne suis pas un grand botaniste, mais il se trouve que ma thèse de médecine portait sur ce produit et je suis donc intarissable sur ce sujet.

La patiente :
Je ne veux pas me fâcher avec vous, docteur, surtout en ce moment, mais je vous assure que ma mère et ma grand-mère maternelle prenaient du Taxol contre la constipation. Ça marchait bien, c'étaient des petits comprimés à avaler au moment des repas, ma mère en prenait presque comme des bonbons.

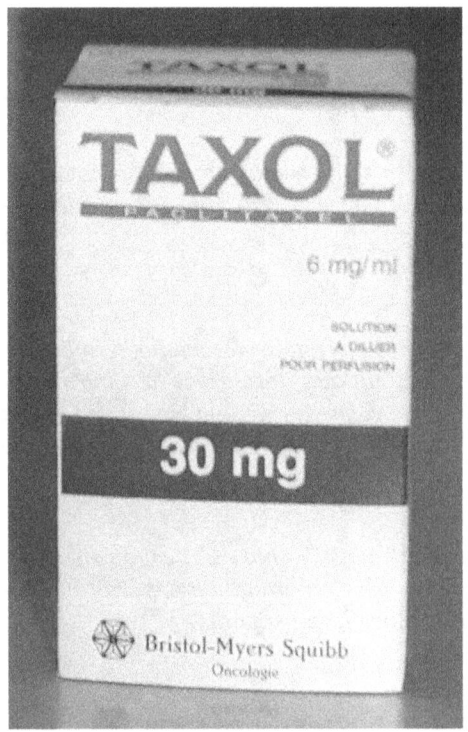

Le médecin :
Vu que ce médicament était un laxatif, vous êtes certaine qu'il ne s'appelait pas plutôt Laxol ? Ce qui serait plus logique.

Les taxanes

La patiente :
Voilà que je doute, docteur, et pourtant j'étais persuadée qu'il s'appelait bien Taxol.

Le médecin :
*Je vous en prie, Madame, c'est de l'histoire ancienne et sans importance. Personne n'est à l'abri d'une erreur, vous comme moi. J'en termine donc très brièvement avec ce que je voulais vous dire sur ce médicament en lequel, nous les cancérologues, plaçons vraiment beaucoup d'espoir. Après sa découverte, en très faibles quantités, dans cet if américain (*Taxus brevifolia *en latin, car les ifs appartiennent au genre* Taxus, *d'où le nom de taxol donné à cette substance naturelle), les chercheurs s'aperçurent vite de son grand intérêt potentiel dans le domaine du cancer. Je ne vous détaillerai pas son mécanisme d'action ni les obstacles qui freinèrent son développement* [1]. *En tout cas, c'est bien l'originalité de ce mécanisme ainsi que des premiers essais cliniques prometteurs qui accélérèrent les choses et firent de ce taxol qui est une substance naturelle, le Taxol$^®$ qui est un médicament.*

La patiente :
Merci docteur pour ces renseignements mais il y a quelque chose qui m'intrigue dans ce que vous venez de me dire. Ce n'est pas la malade mais la juriste de formation qui parle. Je travaille en effet dans le domaine de la propriété industrielle et je ne comprends pas comment le nom d'une substance naturelle, connue depuis 25 ans, le taxol avec un t minuscule car c'est un nom commun, a pu se transformer en nom commercial, donc protégé, Taxol$^®$, avec un T majuscule, et devenir ainsi la propriété d'un laboratoire pharmaceutique. Pour moi, ça dépasse l'entendement.

---

[1] La patiente de ce dialogue n'en saura donc pas plus, ni sur les obstacles au développement ni sur le mécanisme d'action. Le lecteur aura plus de chance puisqu'il trouvera ces renseignements, et de façon générale l'histoire du Taxol® (paclitaxel), dans le récit suivant qui est consacré au docétaxel (Taxotère®).

Drôles d'histoires de médicaments d'origine naturelle

Le médecin :
*Je ne pourrai pas vous répondre car je n'ai pas l'explication. Votre question est très pertinente puisque Taxol® étant devenu une marque appartenant effectivement à son propriétaire, le laboratoire pharmaceutique, il a bien fallu trouver un autre nom commun pour désigner la substance. Désormais, le nom officiel de ce composé, ce qu'on appelle la DCI (dénomination commune internationale) est paclitaxel. Nous les médecins, il faudra qu'on s'y habitue (**Cf. Pour aller plus loin « 1 »**).*

La patiente :
Dans d'autres circonstances, je me serais bien penchée sur cette étrange métamorphose d'un nom commun en nom commercial, mais dans mon état ce n'est pas le plus important. Taxol avec un grand ou un petit t ou encore paclitaxel, tout ce que je demande à ce nouveau médicament, c'est qu'il me soigne bien. Et, sans vouloir vous vexer, Docteur, que son mécanisme d'action soit original ou pas, je m'en fiche.

Le médecin :
*Je vous comprends, chère Madame, mais c'est bien parce que le Taxol® a un mécanisme d'action différent qu'il constitue une arme nouvelle et très efficace contre certains cancers, dont le vôtre (**Cf. Pour aller plus loin « 2 »**). Croyez-moi, Madame, s'il y a besoin de recourir à une chimiothérapie, le taxol, avec un t ou un T, sera vraiment une aide précieuse.*

La patiente :
Merci docteur ; si vous le dites... »

LES TAXANES (2de partie) : LE DOCÉTAXEL (TAXOTÈRE®)
Pathologie concernée : le cancer

ET LA CITROUILLE DEVINT CARROSSE

Pour commencer...

    L'histoire qui va suivre, c'est un peu celle d'un personnage de film qui échapperait au rôle qui lui avait été assigné par le scénariste. Au départ, le rôle prévu était certes indispensable, mais limité à un moment précis du film seulement. Il n'était absolument pas question que le personnage s'incruste et pourtant il est toujours présent à l'écran au moment où le mot FIN apparaît. Pour passer de la métaphore cinématographique à la sportive, ce pourrait aussi être l'histoire du brave coureur cycliste au service de son chef dans le Tour de France : le directeur de l'équipe lui a demandé de rouler à grande vitesse dans la montée du col pour entraîner son leader. À ce rythme, notre brave coureur est destiné à s'écrouler à un moment ou un autre ; il connaît déjà la fin de l'étape, il arrivera hors délai dans les derniers et sera éliminé. Et pourtant, rien ne se passe comme prévu cette fois-ci : au sommet du col, il est toujours devant et sur la ligne d'arrivée, on ne voit que lui, vainqueur de l'étape ! Ainsi, le récit qui va suivre se veut-il une formidable leçon d'espoir pour tous ceux qui s'estimeraient victimes d'un destin écrit par avance et qui les cantonnerait juste à jouer les utilités, à un moment donné. Voici donc la belle histoire du BOC [1] de Gif-sur-Yvette, indissociable du docétaxel (Taxotère®), l'un des médicaments les plus utilisés en cancérologie ces dernières années.

---

[1] Mystérieux acronyme dont le lecteur trouvera la signification dans la conclusion.

Tout ce que vous avez toujours voulu savoir sur le BOC

BOC, très nettement moins connu du commun des mortels que BHL, BHV ou JFK par exemple, est un spécialiste de la protection, plus précisément de la protection rapprochée. Pour autant, puisque j'ai cité John Fitzgerald Kennedy, BOC ne lui aurait été d'aucun secours à Dallas en 1963. BOC travaille dans la protection mais pas dans le domaine de la sécurité ou de l'espionnage : rien à voir donc avec OSS ou SAS ! BOC ne protège pas des personnes mais des fonctions, plus précisément des fonctions chimiques et rien d'autre, il est ce qu'on appelle en chimie un groupe protecteur. Notez que BOC n'est pas tout seul sur le marché, il y a plein d'autres groupes protecteurs en chimie, les plus fréquents portant des acronymes ou des sigles aussi poétiques que BOC, par exemple, MOM, MEM, TMS, THP, TBDMS, etc., chacun ayant sa spécialité, c'est-à-dire protéger une fonction chimique donnée. Son créneau à BOC, c'est la fonction amine, en particulier dans les acides aminés ce qui lui assure une position royale en synthèse peptidique (chimie des peptides et des protéines) (*Cf. Pour aller plus loin « 3 »*).

Maintenant que vous connaissez la profession de BOC, groupe protecteur, je vais essayer de vous expliquer simplement en quoi consiste concrètement son travail. La chimie de synthèse permet de fabriquer, généralement en plusieurs étapes successives, une molécule (un composé chimique) à partir d'une ou plusieurs molécules de départ, les matières premières. Si la synthèse se fait par exemple en 10 étapes, il y aura 9 composés intermédiaires et le composé final, seul but du travail. La transformation de chaque molécule (matières premières puis intermédiaires) en la suivante se fait le plus souvent par addition d'un ou plusieurs réactifs chimiques. Lorsque le réactif ne peut attaquer la molécule qu'en un seul endroit, il n'y a pas besoin de mettre en jeu un groupe protecteur et la réaction se fait directement.

Par contre, comme le montre la figure qui suit, lorsque la réaction (fixation du groupe chimique T, en vert sur la figure) peut se faire sur deux sites différents de la molécule, appelons-les A et B, alors qu'on ne souhaiterait faire réagir que le seul site B par exemple, le groupe protecteur Π, en bleu sur la figure, devient indispensable et la réaction se fait alors en trois temps : a) « masquage » du site A par le groupe protecteur Π pour l'empêcher de réagir et de fixer le groupe chimique T ;

b) fixation de ce dernier sur le site B ; c) élimination du groupe protecteur Π pour libérer, régénérer en quelque sorte le site A.

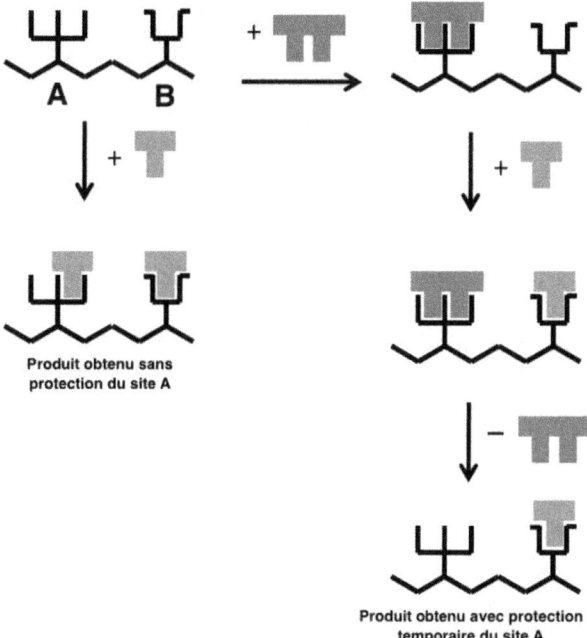

Cet exemple très simple montre clairement qu'un groupe protecteur n'a qu'une durée de vie limitée au cours d'une synthèse chimique : il apparaît donc à un moment de la synthèse et reste présent, sur un ou plusieurs intermédiaires, tant qu'il est indispensable puis il est supprimé dès qu'il devient inutile. Jeté comme un Kleenex quand on n'a plus besoin de lui, tel est donc le triste sort du groupe protecteur en chimie ! Notre BOC allait, comme nous allons le voir, transcender son destin !

Quelques rappels sur le taxol (avant qu'il ne s'appelle paclitaxel)

Si l'étonnante aventure du BOC commença dans la première moitié des années 80 dans le laboratoire de Pierre Potier, pharmacien, directeur de recherche au CNRS et co-directeur de l'ICSN (Institut de Chimie des

Substances Naturelles) à Gif-sur-Yvette, il nous faut remonter environ 15 ans en arrière pour comprendre l'histoire. En 1967, Mansukh Wani et Monroe Wall, deux chercheurs du *Research Triangle Institute* en Caroline du Nord, rapportèrent la présence d'une substance cytotoxique dans l'écorce de tronc d'un arbre du continent américain, l'if du Pacifique, *Taxus brevifolia*, récoltée cinq ans plus tôt dans l'État de Washington. La substance de structure encore inconnue fut appelée taxol. L'isolement du taxol en très faible quantité (0,02% soit 20 mg à partir de 100 g d'écorces) ainsi que sa structure et ses propriétés cytotoxiques furent décrits en 1971. Malheureusement, les travaux sur le taxol s'arrêtèrent rapidement en raison d'un problème d'approvisionnement : comme nous l'avons vu, le rendement d'extraction était extrêmement faible et la récolte de l'écorce de tronc, nécessaire à l'obtention du taxol, entraînait la mort de l'arbre. Il fallut attendre 1979 et la découverte par Susan Horwitz (*Albert Einstein College of Medicine* à New-York) du mécanisme d'action du taxol pour que les travaux repartent très activement. Susan Horwitz venait en effet de montrer que le taxol, dont l'action antimitotique était déjà connue, inhibait la mitose en ciblant une protéine, la tubuline, par un mécanisme tout à fait différent de celui des autres antimitotiques déjà connus et utilisés en cancérologie à l'époque (les vinca alcaloïdes, chefs de file vinblastine et vincristine) (**Cf. Pour aller plus loin « 4 »**).

Les premiers essais cliniques (c'est-à-dire sur l'Homme) confirmant l'intérêt de la substance, le problème de l'obtention du taxol en quantités importantes (par dizaines de kg) se posa avec encore plus d'acuité. Inenvisageable pour des raisons écologiques évidentes, l'extraction à partir de tous les ifs du Pacifique du continent américain n'aurait de toute façon jamais pu assurer la production de taxol en quantité suffisante (pour se faire une idée concrète, un if du Pacifique centenaire produisait à peu près 3 kg d'écorces, soit au maximum 600 mg de taxol !). Devant cette impasse, les solutions alternatives d'accès au taxol étaient en théorie les suivantes :

- l'<u>extraction</u>, c'est-à-dire la découverte d'une autre source naturelle plus riche en taxol que *Taxus brevifolia* et de préférence renouvelable (dans une plante, les écorces ou les racines ne sont pas des sources intéressantes car leur arrachage entraîne la mort de la plante ; à l'inverse, les fleurs, les fruits, les graines ou

encore les feuilles constituent des sources dites renouvelables car leur récolte ne compromet pas la survie de la plante) ;
- l'hémisynthèse, c'est-à-dire la découverte d'une autre source naturelle, de préférence renouvelable, riche en une substance de structure voisine de celle du taxol. Une fois cette substance extraite, sa transformation en taxol (ce qui s'appelle une hémisynthèse) se ferait au laboratoire par voie chimique ;
- la synthèse totale, c'est-à-dire la construction par voie chimique de la molécule de taxol, étape après étape, en partant de matières premières simples issues d'un catalogue de produits chimiques.

En route vers Gif-sur-Yvette (91190 France)... et le docétaxel

Disons d'emblée que la synthèse totale du taxol, molécule de structure complexe, ne pouvait être envisagée sur le plan industriel pour des questions de prix de revient trop élevé. Des deux autres options possibles, extraction ou hémisynthèse, c'est en fait cette dernière qui allait fournir la solution grâce à un double coup de pouce du hasard sur le site même du CNRS à Gif-sur-Yvette, charmante commune francilienne desservie par la ligne B du RER. Premier coup de pouce, l'abattage début 1980 d'un bel if sur le campus, car il faisait de l'ombre sur les fenêtres des bureaux des administratifs. L'espèce abattue, différente de l'if américain, était ici un if européen, communément appelé if à baies (bien qu'il ne s'agisse pas, botaniquement parlant, de baies), *Taxus baccata*. Si l'analyse des feuilles de l'arbre ne permit pas de retrouver le taxol, elle aboutit à l'isolement d'une substance, la 10-désacétylbaccatine III ou 10-DAB III avec un rendement d'environ 0,02%. Détail extrêmement important : cette substance était obtenue à partir des feuilles (aiguilles) de cet if européen, une source donc renouvelable contrairement au taxol de l'if du Pacifique dont l'extraction à partir des écorces entraînait la mort de l'arbre.

Afin de mieux comprendre l'intérêt de cette découverte, il est nécessaire de donner à ce stade du récit quelques indications très sommaires sur les structures chimiques respectives du taxol et de la 10-DAB III (pour les lecteurs qui souhaitent des informations plus précises sur ces deux structures et sur celle du docétaxel, *Cf.* **Pour aller plus loin « 5 »**).

Le taxol (DCI paclitaxel) est une molécule constituée, pour rester très simple, d'une unité centrale, le « cœur » en quelque sorte, de squelette complexe appelé taxane, sur laquelle est accrochée une chaîne latérale, elle même assez sophistiquée et possédant en particulier (c'est important pour comprendre la suite) une fonction azotée dérivant d'une amine.

La 10-DAB III correspond, à un détail près, à l'unité centrale du taxol, privée de sa chaîne latérale. Ainsi que Mansukh Wani et Monroe Wall l'avaient déjà souligné en 1971, la chaîne latérale est indispensable à l'activité du taxol. La 10-DAB III s'avéra donc, comme attendu, très peu active sur le test *in vitro* dit « de la tubuline », mis au point à Gif-sur-Yvette par Daniel Guénard et prédictif d'un effet antimitotique (*Cf.* **Pour aller plus loin « 6 »**).

Pour autant, la très grande parenté de structure de la 10-DAB III avec l'unité centrale du taxol permettait d'envisager une hémisynthèse de ce dernier à partir de cette matière première si aisément accessible (d'autant que le rendement d'extraction de la 10-DAB III allait être amélioré par la suite et atteindre 1%). Le second coup de pouce du hasard se manifesta sous la forme d'une décision prise par la municipalité de Gif-sur-Yvette de percer, au début des années 80, une route sur le campus du CNRS. Plusieurs ifs centenaires furent abattus, que l'équipe de Pierre Potier, en accord avec les bûcherons, décida de récupérer pour continuer les recherches et essayer de mettre au point une hémisynthèse du taxol.

C'est à cette tâche que s'attela Françoise Guéritte, une élève de Pierre Potier, et c'est à ce moment-là (première moitié des années 80) qu'entre enfin en piste notre fameux BOC ! Si l'on compare la structure du taxol à celle d'un poste de télévision, le poste lui-même correspondant au cœur de la molécule et l'antenne à la chaîne latérale, l'accrochage de la chaîne latérale sur la 10-DAB III était cependant nettement plus difficile à réaliser que la simple fixation d'une antenne sur un poste de télévision ! Comme dit précédemment, les deux parties du taxol sont complexes, notamment en raison de la présence de fonctions chimiques diverses. Pour des problèmes de réactivité chimique, la chaîne latérale du taxol ne pouvait pas être d'emblée arrimée telle quelle à la 10-DAB III mais seulement sous la forme d'un précurseur, progressivement transformé ensuite en la chaîne définitive attendue. Venant après de nombreux autres essais, il fut décidé fin 1984 d'introduire la fonction azotée de cette chaîne latérale sous forme d'une fonction amine protégée par le fameux groupe BOC, ce dernier étant donc destiné à disparaître en toute fin de synthèse pour laisser la place à la fonction azotée du taxol.

Nous avons vu précédemment que l'équipe de Pierre Potier possédait sur place un test biologique permettant d'estimer *in vitro* l'affinité sur la tubuline, cible du taxol, de tout produit jugé intéressant. Furent donc soumis au test les intermédiaires de synthèse ne se distinguant notablement du taxol que par la présence du BOC sur la fonction azotée de la chaîne latérale, le cœur de la molécule étant quasiment identique à celui du taxol. Le destin de notre BOC de Gif-sur-Yvette bascula lorsque le résultat montra pour l'un de ces intermédiaires une activité double de celle du taxol. Instantanément donc, le statut du groupe BOC changea radicalement : de simple groupe protecteur, à rôle strictement chimique et jetable à merci, il devint beaucoup plus noble car partie prenante de l'activité biologique et donc potentiellement anticancéreuse de cet intermédiaire. Surtout plus question de s'en débarrasser, il était devenu trop précieux ; comme dans les contes de fée, la citrouille s'était métamorphosée en carrosse ! L'intermédiaire si actif fut retenu et développé dans le cadre d'une collaboration que je ne détaillerai pas ici, entre l'équipe CNRS de Potier et le laboratoire Rhône-Poulenc (aujourd'hui Sanofi). Il prendra le nom de docétaxel (DCI) et sera commercialisé en 1995 et 1996 dans plus de quarante pays sous le nom de Taxotère® (*Cf. Pour aller plus loin « 7 »*).

Pour conclure

Arrivé au bout de cette histoire, il me semble qu'il est temps de dévoiler l'identité de ce fameux BOC. Qu'est-ce qui se cache derrière ce mystérieux acronyme ? Même si les plus curieux d'entre vous ont déjà appris, en consultant Wikipedia, que BOC pouvait renvoyer au code de l'aéroport de *Bocas del Toro* au Panama, à la *Bank of China Limited*, à la *Baltimore Opera Company*, au *Boards of Canada*, un duo de musiciens écossais, au *Blue Öyster Cult*, un groupe de hard rock ou encore au *Bloque Obrero y Campesino*, un parti politique espagnol des années 1930, ils auront évidemment compris que c'est du tert-ButOxyCarbonyle qu'il s'agit ici.

Tert-butoxycarbonyle, comme c'est bizarre ! N'y aurait-il pas un rapport avec la dernière syllabe du nom commercial du docétaxel, Taxotère ? Il faudrait le demander à l'inventeur de ce nom commercial, mais je pense que c'est fort probable... À moins que ce ne soit Taxotère comme Terminus, puisque l'intermédiaire d'hémisynthèse s'est transformé en produit final. À moins enfin que ce ne soit Taxotère comme terre promise, tant cette aventure scientifico-industrielle s'est aussi doublée d'une belle *success story* qui, selon Pierre Potier, a rapporté au laboratoire pharmaceutique, au CNRS, à l'ICSN et aux inventeurs de l'argent, BOCoup d'argent !

Les personnes intéressées par la structure de ce groupe protecteur la trouveront évidemment dans les pages d'approfondissement du chapitre ; les autres, allergiques à la chimie, pourront se consoler avec une ancienne photo de l'autre groupe BOC déjà cité, le *Blue Öyster Cult* !

Le lecteur notera qu'à défaut de l'image d'un groupe BOC protecteur, je lui propose ci-dessus celle d'un groupe BOC... non protégée (par un copyright) et donc libre d'utilisation !

LES TAXANES (1ʳᵉ et 2ᵈᵉ parties)
Pour aller plus loin

Pour aller plus loin « 1 »

La transformation de statut du nom taxol, passant le 26 mai 1992 de nom commun à nom commercial, a fait beaucoup de bruit à l'époque. Étant devenu le nom commercial du médicament Taxol®, propriété des laboratoires Bristol-Myers Squibb (BMS), il fut désormais interdit d'emploi pour désigner, écrit tout en minuscules, la substance isolée en 1967 de l'if du Pacifique. Il fallut désormais appeler cette substance chimique paclitaxel, du nom de sa DCI (Dénomination Commune Internationale) que BMS déposa et qui apparut pour la première fois dans la liste 68 des DCI de l'OMS (*International Nonproprietary Names for Pharmaceutical Substances*) fin 1992-début 1993. Ainsi plus de 600 publications et articles mentionnant le nom taxol avaient beau être sorties entre 1967 et 1992, ce mot n'existait plus !!! Même une revue aussi prestigieuse que *Nature* se fit réprimander par les avocats de BMS pour avoir laissé passer, après 1992, des articles mentionnant le nom taxol pour désigner la substance extraite de l'if du Pacifique. Les avocats de la firme pharmaceutique firent clairement savoir que le mot taxol ne pouvait désormais être utilisé qu'en référence seulement au médicament anticancéreux vendu par BMS. Sous le titre *Names for hi-jacking*[1], *Nature* publia en 1995 un éditorial au vitriol sur cette affaire. Dans sa conclusion, ce texte conseillait au président des EU de chercher à savoir pourquoi les examinateurs du bureau des noms déposés (*trademarks*) s'étaient endormis en 1992.

---

[1] Définition de *hijacking* selon Wikipedia : Mot de la langue anglaise apparu au XXᵉ siècle pour désigner une action de détournement (détournement d'avion). Le terme s'est ensuite étendu au domaine informatique et s'applique à toute une série de prises de possession illégales ou de bidouillage à titre malsain.

Cela ne changea bien sûr rien et le nom Taxol demeura la propriété de BMS... Mais c'était sans compter sur Madame Bouzigues et son pharmacien dont je ne me suis pas privé de rapporter les conversations !

Pour aller plus loin « 2 »

Le paclitaxel est inscrit sur la Liste modèle des médicaments essentiels de l'OMS.

Aujourd'hui, il est utilisé en perfusion IV dans plusieurs protocoles de chimiothérapie anticancéreuse, dans le traitement notamment des cancers de l'ovaire, du sein, du poumon non à petites cellules, du sarcome de Kaposi lié au sida.

Sa très mauvaise solubilité nécessitant l'emploi dans la formulation d'un dérivé d'huile de ricin pouvant entraîner des effets indésirables sévères, une association de paclitaxel et d'albumine, permettant de supprimer ce dérivé, est aujourd'hui aussi sur le marché. Elle est indiquée dans le traitement de certaines formes de cancers du sein, du pancréas et du poumon non à petites cellules.

Pour aller plus loin « 3 »

Rappelons qu'une fonction amine se caractérise par la présence d'un atome d'azote (N) lié à :

- un atome de carbone (C) et deux atomes d'hydrogène (H) pour les amines primaires ;
- deux atomes de carbone et un atome d'hydrogène pour les amines secondaires ;
- trois atomes de carbone et aucun atome d'hydrogène pour les amines tertiaires,

et à condition que le ou les atomes de carbone lié(s) à l'azote ne soient eux-mêmes liés qu'à d'autres atomes de carbone et/ou d'hydrogène.

Les taxanes

Pour aller plus loin « 4 »

Pour un rappel sur la mitose et les antimitotiques, se reporter au chapitre : *Les vinca alcaloïdes*. Pour aller plus loin « 3 ».

Avant la découverte du paclitaxel (= taxol), tous les antimitotiques connus agissaient selon un mécanisme dit d'inhibition de l'assemblage d'une protéine, la tubuline, en ce que l'on appelle des microtubules. Le paclitaxel a donc été le premier représentant des antimitotiques agissant, de façon inverse, par promotion de l'assemblage de la tubuline en microtubules et inhibition du désassemblage des microtubules en tubuline. Depuis, d'autres antimitotiques agissant comme le paclitaxel ont été isolés : citons en particulier la classe des épothilones, d'origine bactérienne, dont un représentant hémisynthétique, l'ixabépilone, est disponible dans certains pays pour le traitement de certaines formes de cancer du sein.

Pour aller plus loin « 5 »

La 10-désacétylbaccatine III, le docétaxel et le paclitaxel (= taxol) ont en commun un squelette tricyclique complexe appelé taxane qui est de nature terpénique, plus précisément diterpénique (c'est-à-dire qu'il comprend 20 carbones). Comme le montrent les formules page suivante, le docétaxel se différencie du paclitaxel :

- par une fonction carbamate (= uréthane) au lieu d'une fonction amide sur la chaîne latérale ;
- par l'absence d'une fonction ester acétique, en position 10, sur le cœur de la molécule.

La molécule qui allait devenir le docétaxel était à l'origine juste un intermédiaire dans lequel le groupe BOC devait être éliminé pour être remplacé par le groupe benzoyle.

chaîne latérale   unité centrale

Ac = acétyle ; Me = méthyle ; Ph = phényle.
taxol (DCI paclitaxel)

10-désacétylbaccatine III
= 10-DAB III

docétaxel

Benzoyle : fixé sur l'azote dans le paclitaxel, il forme une fonction amide ;
BOC = tert-butoxycarbonyle : fixé sur l'azote dans le docétaxel, il forme une fonction carbamate (= uréthane).

Les taxanes

Pour aller plus loin « 6 »

De la même façon qu'avec la vinorelbine (*cf. le chapitre suivant Les vinca alcaloïdes*), l'existence de ce test biologique joua un rôle très important dans la découverte du Taxotère®. Mis au point et disponible à l'ICSN de Gif-sur-Yvette, il permit en effet d'évaluer sur place et donc de façon beaucoup plus simple, l'activité de nombreux produits, même des intermédiaires de synthèse tels que la molécule qui allait devenir le docétaxel.

Pour aller plus loin « 7 »

Le docétaxel est inscrit sur la Liste modèle des médicaments essentiels de l'OMS. Aujourd'hui, il est utilisé en cancérologie, en perfusion IV, dans plusieurs protocoles de chimiothérapie, dans le traitement de cancers du sein, du poumon (non à petites cellules), de la prostate, de l'estomac, de l'œsophage et des voies aéro-digestives supérieures.

Enfin, un troisième taxane, la cabazitaxel, est commercialisé depuis 2011. Dérivé diméthylé du docétaxel (sur les positions 7 et 10) et préparé comme ce dernier par hémisynthèse à partir de la 10-désacétylbaccatine III, le cabazitaxel est indiqué, en perfusion IV, dans le traitement du cancer de la prostate métastatique hormonorésistant précédemment traité par le docétaxel.

cabazitaxel

LES VINCA ALCALOÏDES (1ʳᵉ partie) : LA VINBLASTINE, LA VINCRISTINE ET LA VINDÉSINE
Pathologie concernée : le cancer

SERENDIPITY FOR EVER : SAISON 1

Pour commencer...

Sérendipité, vous avez dit sérendipité, mais qu'entendez-vous par là ? La sérendipité (de l'anglais *serendipity*), c'est l'art de faire des découvertes par hasard. Plus précisément, c'est l'art de trouver quelque chose en cherchant tout à fait autre chose. Attention, la sérendipité n'est pas à la portée de n'importe qui. Elle nécessite un esprit réactif, ouvert, observateur, critique. Tout ce qui est nécessaire pour essayer de comprendre la réalité observée et en tenir compte même si elle ne correspond pas à ce qui était attendu. Notre maître à tous en sérendipité, c'est Christophe Colomb qui croyait ouvrir une route nouvelle vers les Indes et qui découvre l'Amérique. Pour tous les autres célèbres exemples de sérendipité, je vous renvoie à l'article « Sérendipité » de votre encyclopédie gratuite préférée sur Internet.

Alors pourquoi placer ce chapitre sous le signe de la sérendipité ? Après tout, bien d'autres découvertes de médicaments ont aussi bénéficié de ce coup de pouce du hasard intelligemment exploité par le chercheur. Vous avez certainement raison, mais dans la saga des vinca alcaloïdes, commencée au début des années 1950, nous verrons qu'à chaque nouvel épisode, la sérendipité a toujours été au rendez-vous et a trouvé face à elle des chercheurs qui ne lui ont surtout jamais tourné le dos.

Conversation au soleil couchant

La scène se passe une fin de journée de 1952, quelque part sur l'île de la Jamaïque. Puisqu'il est bien connu que les plantes savent communiquer entre elles, voici ce que deux d'entre elles se disaient ce jour-là :

La 1re plante :
« *Bonjour, comment tu t'appelles ?*

La 2de plante :
Oh c'est compliqué, j'ai surtout deux noms courants : pervenche tropicale et pervenche de Madagascar. Il faut dire que je suis originaire de Madagascar mais que l'on me trouve dans toutes les régions tropicales. En latin, ça n'est pas plus simple : le suédois Carl von Linné en 1759 m'avait d'abord dénommée Vinca rosea, *famille des Apocynacées, mais depuis 1837 et le botaniste écossais George Don, je m'appelle officiellement* Catharanthus roseus. *Cela dit, beaucoup continuent à m'appeler* Vinca rosea *puisque je suis une pervenche. Et toi, comment tu t'appelles ?*

La 1re plante :
Moi c'est simple, je suis la canne à sucre et mon nom savant est Saccharum officinarum, *famille des Graminées* (Note de l'auteur : elle ne savait pas qu'elle deviendrait quelques années plus tard une Poacée). *En tout cas, moi je préfère t'appeler* Vinca, *c'est plus joli et ça me rappelle le prénom de l'héroïne du* Blé en herbe *de Colette. Et le blé, c'est forcément mon ami puisque c'est une Graminée comme moi.*

La pervenche tropicale :
Tu en sais des choses, qu'est-ce que tu es cultivée pour une plante !

La canne à sucre :
Ça tu peux le dire, et même dans tous les sens du terme. Figure-toi que les hommes d'ici me font pousser puis me récoltent pour mon sucre qui s'appelle saccharose. Et quand ils l'ont extrait, avec mes restes (qu'ils appellent mélasses), ils font du rhum. Et toi, tu sers à quoi ?

Les vinca alcaloïdes

La pervenche tropicale :
Je n'ai pas ta chance, je ne sers pas à grand-chose. Ah si, j'allais oublier, d'après la médecine traditionnelle, il paraît que je fais du bien aux diabétiques. Les diabétiques, ce sont des gens qui ont trop de sucre dans le sang, mais là le sucre s'appelle glucose. Pour se soigner, la médecine traditionnelle leur recommande de consommer mes feuilles en infusion car il paraît qu'elles sont hypoglycémiantes (elles font baisser le taux de glucose dans le sang, c'est-à-dire la glycémie).

La canne à sucre :
Tu ne sers peut-être pas à grand-chose, mais je te trouve drôlement belle avec tes jolies fleurs roses. C'est quand même rigolo qu'on ait sympathisé : moi, avec tout le sucre que je produis, je ferais plutôt du mal aux diabétiques alors que toi, tu leur fais du bien. On était vraiment faites pour s'entendre tellement nous sommes complémentaires. Tu veux bien être mon amie ?

La pervenche tropicale :
Tu m'as remonté le moral, je n'avais pas pensé à tout cela. Bien sûr que je veux être ton amie ! »

Voilà où en était la pervenche tropicale de ses états d'âme. Elle ne savait pas encore que le compte à rebours était enclenché et qu'une découverte imminente allait bouleverser pour longtemps toute son existence. Attention : 5, 4, 3, 2, 1, 0, l'histoire des vinca alcaloïdes va commencer.

Du tout début du travail à l'isolement de la vinblastine et de la vincristine

Le lendemain de cette conversation, notre pervenche tropicale vit arriver quelqu'un qui lui enleva plus de feuilles que d'habitude. Elle se dit en elle-même qu'il devait y avoir de plus en plus de diabétiques à la Jamaïque. Elle ne pouvait pas savoir que cette récolte ne servirait pas à préparer des infusions, mais qu'elle serait expédiée au Canada à l'*University of Western Ontario* où, dans le *Department of Medical Research*, un certain Robert Noble allait essayer de démontrer le bien-fondé de l'utilisation des feuilles de pervenche tropicale dans le diabète. L'administration par voie orale d'extraits aqueux de ces feuilles à des rats et des lapins (diabétiques ou pas) ne montra aucune modification de leur glycémie et donc prouva que cette réputation hypoglycémiante était usurpée. Cependant, de façon à ne pas passer à côté de l'activité supposée en raison d'une dose donnée qui aurait été insuffisante, Robert Noble décida d'administrer de nouveau ces extraits aqueux à des rats mais par voie injectable (voie intrapéritonéale) cette fois. Le résultat fut très surprenant puisqu'une seule injection s'avéra le plus souvent fatale, les rats mourant en cinq à sept jours de septicémie (infection bactérienne généralisée se propageant par le sang).

ALERTE SÉRENDIPITÉ !!! À ce stade, Robert Noble avait le choix entre deux attitudes :

- soit il laissait tomber le travail, l'objectif initial de confirmation ou d'infirmation de l'effet hypoglycémiant ayant été atteint ;
- soit, il essayait de comprendre la cause de cette mort par infection généralisée.

C'est évidemment cette seconde attitude qu'il adopta. Après s'être assuré que les bactéries pathogènes (en particulier du genre *Pseudomonas*) trouvées chez les rats ne provenaient pas de l'extrait de pervenche, il en déduisit que la septicémie devait être liée à un effondrement des défenses immunitaires des animaux. Cette hypothèse fut rapidement vérifiée avec l'observation chez ces rats de la très notable baisse d'une catégorie de globules blancs (les granulocytes ou polynucléaires) due à une forte toxicité exercée par l'extrait sur la moelle osseuse.

Avec la collaboration du chimiste Charles Beer, d'importants travaux sur la composition de la pervenche tropicale furent menés, qui aboutirent en 1958 à l'isolement d'une molécule responsable de l'activité observée. Elle fut dénommée vincaleucoblastine (leucoblaste est un terme désignant le précurseur des globules blancs), mais en raison de la longueur du nom, elle fut rapidement dénommée aussi par le sigle VLB et surtout par le nom abrégé vinblastine.

À la même époque, des chercheurs du laboratoire pharmaceutique américain Eli Lilly qui travaillaient aussi sur cette plante constatèrent sur la souris une activité antileucémique des extraits de feuilles. Sous la conduite de Gordon Svoboda, les chimistes de Lilly isolèrent une autre molécule active qu'ils décrivirent en 1961 sous le nom de leurocristine (synonyme vincristine qui est le nom utilisé aujourd'hui). Une collaboration entre les deux équipes s'instaura, accélérant certainement les études pharmacologiques et cliniques sur ces deux molécules.

De l'isolement de la vinblastine et de la vincristine à leur utilisation en thérapeutique

La vinblastine et la vincristine dont les structures furent déterminées par diffraction aux RX en 1965 appartiennent sur le plan chimique au très vaste groupe des alcaloïdes (*Cf. Pour aller plus loin « 1 »*).

Plus précisément, ce sont des alcaloïdes dits indoliques ou plutôt bis-indoliques car ils sont constitués de deux parties de grandeur voisine mais de structures bien différentes réunies l'une à l'autre par une seule liaison entre deux atomes de carbone.

La partie Nord (Nord car située au-dessus quand on dessine la molécule) est la même dans la vinblastine et la vincristine : elle possède un squelette de type *seco*-catharanthine, le préfixe *seco* signifiant qu'il diffère de celui de la catharanthine, un alcaloïde naturel de la pervenche tropicale, par la coupure d'une liaison entre deux atomes de carbone.

La partie Sud (en dessous donc sur le dessin) est constituée, dans la vinblastine par un alcaloïde appelé vindoline, et dans la vincristine par un très proche dérivé de la vindoline.

Notons enfin que si la catharanthine et la vindoline existent à l'état naturel dans les feuilles de la pervenche tropicale, la *seco*-catharanthine, elle, n'y est pas présente.

Les lecteurs intéressés par la structure chimique de ces alcaloïdes trouveront les formules dans la partie (*Cf. Pour aller plus loin « 2 »*).

Sur le plan de l'activité pharmacologique, il apparut très vite que la cytotoxicité de la vinblastine, repérée par Noble sur les cellules de la moelle osseuse, s'exerçait aussi vis-à-vis de nombreuses lignées de cellules cancéreuses. Dès 1961, dans un laboratoire canadien de l'Ontario, J. Harry démontra que cette cytotoxicité s'expliquait par une inhibition de la mitose, la vinblastine étant donc un antimitotique. Il faudra attendre encore une dizaine d'années pour comprendre le mécanisme intime de cette action antimitotique (**Cf. Pour aller plus loin « 3 »**).

Aux alentours de l'année 1960, les essais sur animaux révélèrent de très intéressantes activités antileucémiques. Ils furent rapidement suivis par des essais cliniques (donc sur l'Homme), puis par la commercialisation de la vinblastine et de la vincristine par Eli Lilly entre 1963 et 1965. Dans la première moitié des années 80 arriva sur le marché un troisième vinca alcaloïde, la vindésine, alcaloïde n'existant pas à l'état naturel dans la pervenche tropicale et préparé par hémisynthèse à partir de la vinblastine dont elle ne diffère que par une petite modification de la partie Sud. Aujourd'hui ces trois composés sont toujours utilisés en cancérologie, administrés exclusivement en perfusion IV dans de très nombreuses indications (**Cf. Pour aller plus loin « 4 »**).

LES VINCA ALCALOÏDES (2ᵉ partie) : LA VINORELBINE
Pathologie concernée : le cancer

SERENDIPITY FOR EVER : SAISON 2

Vers l'hémisynthèse de la vinblastine

La vinblastine et la vincristine, premiers anticancéreux d'origine végétale utilisés en chimiothérapie, sont présents en très faibles quantités dans les feuilles de la pervenche tropicale : il faut en effet traiter une tonne de feuilles sèches pour obtenir quelques dizaines de grammes de vinblastine et seulement quelques grammes de vincristine ! La vincristine pouvant être obtenue également par hémisynthèse à partir de la vinblastine extraite (par oxydation de cette dernière), la mise au point d'une méthode de laboratoire pour préparer la vinblastine servirait donc à l'obtention industrielle des deux alcaloïdes naturels anticancéreux de la pervenche tropicale. C'est pourquoi la synthèse chimique de la vinblastine devint un défi scientifique mais aussi industriel. La partie Sud de la vinblastine, c'est-à-dire la vindoline, étant fournie telle quelle par extraction des parties aériennes de la plante, la question à résoudre était :
- avec quelle structure préfigurant la partie Nord, faut-il faire réagir la vindoline pour effectuer la réunion des deux parties en une molécule, précurseur de la vinblastine ?

Avant d'aborder les différentes tentatives d'hémisynthèse de la vinblastine, j'ai choisi, pour les lecteurs peu rompus à la chimie, de simplifier à l'extrême la représentation de cet alcaloïde (et des autres vinca alcaloïdes bis-indoliques en général) en utilisant une comparaison aussi géographique qu'audacieuse dont j'assume l'entière responsabilité ! Puisque la vinblastine est formée de deux parties, Nord et Sud, reliées l'une à l'autre par une seule liaison, je propose d'assimiler cet alcaloïde au continent américain, l'Amérique du Nord représentant la partie de squelette *seco*-catharanthine et l'Amérique du Sud tenant la place de la vindoline. Un morceau du fin cordon des pays d'Amérique centrale joue alors le rôle de la liaison carbone-carbone entre les deux parties Nord et Sud. Si cette symbolique géographique ne reflète bien entendu pas du tout la réalité chimique (qui sera précisée dans la partie « *Pour aller plus loin* »), elle a le mérite de montrer très clairement comment deux unités peuvent, selon leur mode de couplage, conduire à des structures finales bien différentes.

a) Les échecs

Entre 1967 et 1971, plusieurs équipes au monde (du laboratoire Lilly à Indianapolis, mais aussi des universités de Cambridge, Vancouver et Karachi) étudièrent la réaction de couplage entre la vindoline (partie Sud) et une structure possédant le même squelette chimique (de type *seco*-catharanthine) que la partie Nord. Le couplage des deux parties Nord et Sud se faisait effectivement, mais toujours avec une mauvaise configuration spatiale finale. En effet, à l'issue du couplage, le carbone (C-16') de la partie Nord engagé dans la liaison de jonction avec la partie Sud est un carbone dit asymétrique qui peut exister dans deux configurations différentes. S'il possède la mauvaise configuration, c'est l'ensemble de la molécule qui change radicalement de forme, les deux parties Nord et Sud de la molécule ne se retrouvant plus disposées dans l'espace de la même façon l'une par rapport à l'autre. Sur le plan de l'activité biologique, cette mauvaise configuration supprime quasi totalement l'interférence avec la tubuline et donc l'activité antimitotique. En termes de géographie, l'on peut donc dire que ces synthèses effectuées entre 1967 et 1971 réunissaient bien l'Amérique du Nord à l'Amérique du Sud, mais de façon incorrecte, l'Amérique du Sud se retrouvant à l'envers, avec le Brésil à l'Ouest donnant sur le Pacifique et le Chili à l'Est sur les rivages de l'océan Atlantique ! Tout cela à cause d'une inversion de la configuration à la frontière entre le Panama et le Costa Rica... ainsi que le montre la figure page suivante.

Les vinca alcaloïdes

Les échecs   Le succès

b) Le succès

En 1974, Pierre Potier, pharmacien, directeur de recherche au CNRS, était à la tête du département de chimie organique biologique et thérapeutique de l'ICSN (Institut de Chimie des Substances naturelles) à Gif-sur-Yvette. Spécialiste de la chimie des alcaloïdes, il décida de relever, avec deux de ses collaborateurs, Nicole et Yves Langlois, ce défi de la synthèse de la vinblastine. Accordant une grande importance à la façon dont les êtres vivants en général et la pervenche tropicale en particulier élaborent leurs composants (c'est ce que l'on appelle la biosynthèse), Potier imagina d'essayer de synthétiser la vinblastine au laboratoire en mimant la façon dont la pervenche s'y prend pour le faire dans ses feuilles. Cette démarche biomimétique (qui imite la démarche du vivant) reposait entre autres sur les beaux travaux d'un chimiste américain, Ernest Wenkert, sur la biosynthèse des alcaloïdes indoliques. Constatant que les feuilles de la pervenche tropicale contenaient de la vindoline (partie Sud de la vinblastine) et de la catharanthine, mais pas de la *seco*-catharanthine (squelette de la partie Nord), Pierre Potier fit l'hypothèse que la pervenche tropicale fabriquait la vinblastine à partir de la vindoline et de la catharanthine ; dans ces conditions, une rupture de liaison (= une fragmentation) de la catharanthine devait engendrer une partie Nord *seco*-catharanthine en même temps qu'une nouvelle liaison se créait avec la partie Sud pour réunir les deux parties.

La méthodologie chimique mise en œuvre par Pierre Potier et ses collaborateurs pour copier la Nature permit effectivement d'aboutir à un composé très voisin de la vinblastine et qui fut nommé anhydrovinblastine (*Cf. Pour aller plus loin « 5 »*).

Ce dernier possédait la bonne configuration sur le carbone de jonction, ce qui validait totalement la démarche biomimétique proposée par Pierre Potier (*Cf. Pour aller plus loin « 6 »*). La suite du travail, jusqu'à l'obtention de la vinblastine, constitua la thèse de doctorat de Pierre Mangeney et permit de breveter en 1978 puis de publier en 1979 la première hémisynthèse de la vinblastine.

Découverte inopinée de la vinorelbine

Au cours de son travail de thèse, Pierre Mangeney effectua à un moment donné sur l'anhydrovinblastine une réaction qui devait utiliser un réactif appelé anhydride acétique (de formule brute $C_4H_6O_3$). Pour quelle raison (acte volontaire ou erreur due à la fatigue, la distraction, le stress... ou enfin acte manqué), Pierre Mangeney utilisa-t-il, non pas le réactif prévu mais son équivalent hexafluoré, appelé anhydride trifluoroacétique (de formule brute $C_4F_6O_3$) ? Ne comptez pas sur moi pour vous donner une réponse que je n'ai pas ! Toujours est-il que cette substitution d'un réactif par un autre, qualifiée de « coup de chance » par Muriel Le Roux et Françoise Guéritte dans leur ouvrage (La Navelbine® et le Taxotère® histoires de sciences, page 126) ne conduisit évidemment pas au produit souhaité.

ALERTE SÉRENDIPITÉ !!! À ce stade, Pierre Mangeney avait le choix entre deux attitudes :

- soit il laissait tomber cette réaction qui ne donnait pas accès au produit initialement désiré, et qui était donc sans intérêt pour l'hémisynthèse de la vinblastine, but initial de son travail ;
- soit, il essayait de comprendre ce qui s'était passé et à quels produits cette réaction imprévue avait abouti.

C'est évidemment cette seconde attitude qu'il adopta. Reprenant minutieusement l'étude de cette réaction, Pierre Mangeney isola un produit ultra-minoritaire, mais dont certaines caractéristiques analytiques rappelaient celles de la vinblastine. La structure de ce produit fut déterminée fin 1977 et révéla la perte inattendue d'un chaînon carboné, perte due au réactif hexafluoré, mais qui ne se serait pas produite en présence d'anhydride acétique. Cette réaction qu'il n'avait pas prévu de faire, donc non programmée *a priori*, devenait tout à fait explicable *a posteriori* (*Cf. Pour aller plus loin* « *7* »).

De plus, et c'est important, elle fournissait une molécule nouvelle et de structure originale. Ce composé fut soumis sur place au test « de la tubuline », mis au point par Daniel Guénard et prédictif d'un effet antimitotique, et il révéla une bonne activité.

La suite fut plus classique et ne sera pas détaillée : amélioration du rendement de fabrication de ce composé, indispensable afin d'en disposer en plus grande quantité ; études biologiques préliminaires pour confirmer son intérêt ; prise de brevet puis recherche d'un partenaire industriel. Ce fut le laboratoire Pierre Fabre qui le développa en collaboration avec l'ICSN et qui le commercialisa en 1989 sous le nom de Navelbine® (DCI vinorelbine). Aujourd'hui la vinorelbine est utilisée en cancérologie, en perfusion IV et par voie orale, seule ou en association, dans le traitement du cancer du poumon non à petites cellules et du cancer du sein métastatique. De plus, depuis janvier 2019 elle bénéficie aussi du statut de médicament orphelin pour le traitement des sarcomes des tissus mous (cancers de certains tissus de soutien extra-squelettique comme les tissus adipeux, musculaires, vasculaires…).

LES VINCA ALCALOÏDES (3ᵉ partie) : LA VINFLUNINE
Pathologie concernée : le cancer

SERENDIPITY FOR EVER : SAISON 3

Les alcaloïdes indoliques au pays des superacides

Le dernier épisode de cette saga va nous conduire à l'université de Poitiers et plus précisément à la faculté des sciences, dans le laboratoire de chimie du Professeur Jean-Claude Jacquesy, un spécialiste de la chimie en milieu superacide. Ce terme auquel on pourrait trouver un côté gadget et publicitaire est en fait très sérieux : introduit dans la littérature scientifique en 1927, il a été popularisé dans les années 60 par le chimiste George Olah, prix Nobel de chimie 1994, qui a montré le grand intérêt de ces milieux superacides sur la réactivité des molécules en chimie organique. Depuis 1971, est défini comme superacide tout composé ou mélange de composés qui est plus acide que l'acide sulfurique pur (en langage courant, l'acide sulfurique très concentré correspond au redoutable vitriol). Le plus acide des superacides, bon solvant par ailleurs, est constitué d'un mélange d'acide fluorhydrique HF et d'un composé fluoré d'antimoine SbF_5, mélange utilisé dans les travaux de Jacquesy dont nous allons parler (*Cf. Pour aller plus loin « 8 »*).

Jean-Claude Jacquesy, dont le laboratoire étudiait depuis le début des années 70 la réactivité particulière en milieu superacide de molécules organiques variées, s'intéressa à la possibilité de préparer par hémisynthèse la vindoline qui constitue, telle quelle ou légèrement modifiée, la partie Sud des quatre vinca alcaloïdes alors sur le marché. En effet, même si la vindoline est présente dans les feuilles de pervenche tropical en quantité supérieure à celle des deux anticancéreux naturels, elle reste un alcaloïde d'accès restreint. Faciliter son obtention par hémisynthèse présentait donc un grand intérêt.

De la non-obtention de la vindoline à la découverte de la vinflunine

Jean-Claude Jacquesy s'intéressa à un alcaloïde, la tabersonine, facilement accessible car très abondant dans les graines d'un arbre africain, *Voacanga africana*. La tabersonine possède exactement le squelette chimique de la vindoline, mais elle s'en distingue par la fonctionnalisation (l'habillage en quelque sorte). Parmi les différences entre les deux alcaloïdes, il faut noter la présence chez la vindoline d'un groupe oxygéné méthoxyle (OMe) sur le noyau benzénique en position 11 (sur la partie Ouest de la molécule), qui n'existe pas dans la tabersonine (**Cf. Pour aller plus loin « 9 »**).

Vouloir fabriquer de la vindoline à partir de la tabersonine imposait donc l'oxygénation de la position 11, ce qui était impossible à réaliser facilement en chimie « classique », la position voisine 10 étant la plus réactive. Les travaux antérieurs du laboratoire de Jean-Claude Jacquesy sur diverses molécules aromatiques [1] dont certaines à noyau indolique pouvaient faire espérer la possible fixation sur le carbone 11 de la tabersonine d'un groupe hydroxyle (OH), précurseur du OMe présent sur la vindoline.

Malheureusement, la tabersonine présente aussi, sur la partie Est cette fois, un autre centre réactif, une double liaison intracyclique entre les carbones 14 et 15, que l'on retrouve, à l'identique et avec le même environnement, dans la vindoline et donc dans les quatre vinca alcaloïdes utilisés en thérapeutique. Ce fut là et non sur le carbone aromatique 11 que la réaction se fit. De plus, ce n'est pas seulement un groupe hydroxyle OH qui fut fixé mais également un atome de fluor.

---

[1] En chimie organique, le terme aromatique est sans rapport avec l'odeur mais désigne certains composés cycliques plans aux caractéristiques électroniques bien précises (le benzène est le chef de file de la série des composés aromatiques).

ALERTE SÉRENDIPITÉ !!! À ce stade, Jean-Claude Jacquesy et ses collaborateurs avaient le choix entre deux attitudes :
- soit ils laissaient tomber le travail, l'objectif initial d'une hémisynthèse de la vindoline à partir de la tabersonine apparaissant très compromis ;
- soit, ils rebondissaient sur la réaction observée pour tenter de fabriquer des analogues de vinblastine modifiés sur la partie Sud.

C'est évidemment cette seconde attitude qu'ils adoptèrent. En étendant l'étude de la réactivité en milieu superacide à d'autres alcaloïdes indoliques, d'abord la vindoline puis des alcaloïdes bis-indoliques (la vinblastine, l'anhydrovinblastine et la vinorelbine qui venait d'être commercialisée par le laboratoire Pierre Fabre), un composé fut isolé à partir d'un mélange complexe. Ce composé n'avait pas fixé un OH et un atome de fluor sur la partie vindoline Sud, mais deux atomes de fluor sur un même carbone de la partie Nord ! (*Cf. Pour aller plus loin « 10 »*).

À tous les stades du développement chimique de ce travail, rien ne s'était donc jamais passé comme prévu, mais tous les mécanismes réactionnels avaient pu quand même, *a posteriori*, être expliqués sur le plan théorique.

La mesure de l'activité de ce produit difluoré sur l'inhibition de l'assemblage de la tubuline *in vitro* s'étant révélée très proche de celles de la vinblastine, de la vincristine et de la vinorelbine, le composé fut retenu pour des études complémentaires. Des travaux indispensables d'optimisation du rendement d'obtention furent entrepris avec succès. Le développement de ce composé appelé vinflunine (DCI) fut assuré par Pierre Fabre (en association avec Bristol-Myers Squibb dans un premier temps, puis seul ensuite) qui le commercialisa en 2010 sous le nom de Javlor®. Aujourd'hui la vinflunine est utilisée en cancérologie, en perfusion IV, dans une seule indication, le traitement des patients adultes atteints de carcinome urothélial à cellules transitionnelles (la grande majorité des cancers de la vessie) avancé ou métastatique, après échec d'une chimiothérapie à base de sels de platine.

Pour conclure

La famille des vinca alcaloïdes utilisés en clinique va-t-elle encore s'étoffer ? C'est difficile à dire. À notre connaissance, un essai clinique d'un nouveau dérivé original, le vintafolide, a été interrompu en 2014 en raison de résultats peu probants. Et puis la recherche de nouveaux traitements dans le domaine du cancer s'oriente très nettement vers ce que l'on appelle des thérapies ciblées (inhibiteurs de protéine kinases, anticorps monoclonaux...) au détriment de cytotoxiques plus classiques (*Cf. Pour aller plus loin « 11 »*).

Quoi qu'il en soit, les vinca alcaloïdes actuellement sur le marché sont encore, pour au moins trois d'entre eux, la vinblastine, la vincristine et la vinorelbine, des médicaments anticancéreux de premier plan qui figurent sur la Liste modèle des médicaments essentiels de l'OMS.

La pervenche de Madagascar qui, dans le dialogue imaginé au début de ce chapitre, rêvait de servir à quelque chose a dû être comblée au-delà de ses espérances. Elle est en effet désormais largement cultivée, étant indispensable à la fabrication industrielle de TOUS les vinca alcaloïdes sur le marché :

- la vinblastine et la vincristine sont aujourd'hui toujours obtenues par extraction (exclusivement pour la vinblastine, partiellement pour la vincristine également préparée par hémisynthèse à partir de la vinblastine), malgré les nombreuses hémisynthèses réalisées dont celle de Potier qui fut la première ;
- les trois autres alcaloïdes sont produits par hémisynthèse (la vindésine à partir de la vinblastine, la vinorelbine à partir de la catharanthine et de la vindoline, toutes les deux extraites du *Catharanthus roseus* et enfin la vinflunine à partir de la vinorelbine).

On peut même se demander si notre pervenche ne regrette pas le bon vieux temps où, poussant à l'état sauvage ou étant cultivée comme plante ornementale, la vie s'écoulait tranquillement. De temps en temps, on lui arrachait juste quelques feuilles pour « soigner » les diabétiques. Mais, et c'est peut-être tant pis pour elle mais tant mieux pour la chimiothérapie anticancéreuse, la chère sérendipité est passée par là !

LES VINCA ALCALOÏDES (1re, 2e et 3e parties)
Pour aller plus loin

Pour aller plus loin « 1 »

Comme déjà vu précédemment, la diffraction des rayons X (= diffractométrie des RX = cristallographie aux RX) est véritablement l'arme absolue dans la détermination structurale des molécules dont elle réalise une véritable photographie en 3D. Ne nécessitant pas forcément de grandes quantités de composé (quelques mg peuvent parfois suffire), la seule limite de cette technique est l'obtention de cristaux de qualité suffisante.

Pour la définition d'un alcaloïde, se reporter à : La camptothécine. Pour aller plus loin « 3 »).

Pour aller plus loin « 2 »

La vinblastine et la vincristine appartiennent à la classe des alcaloïdes indolomonoterpéniques. Ces derniers sont fabriqués par la plante à partir d'une molécule de tryptophane, acide aminé indolique et d'une molécule d'origine terpénique comptant 10 atomes de carbone, que l'on appelle un monoterpène

Les feuilles de la pervenche tropicale renferment deux catégories d'alcaloïdes indolomonoterpéniques :

- des alcaloïdes dits « monomères » formés donc à partir d'une molécule de tryptophane et d'une unité monoterpénique, comme par exemple la catharanthine et la vindoline ;

- des alcaloïdes dits « dimères »[1] appelés encore bis-indoliques car ils correspondent à l'union de deux unités « monomères ». La vinblastine, la vincristine et les autres vinca alcaloïdes non naturels utilisés en cancérologie sont tous des alcaloïdes bis-indoliques.

catharanthine

vindoline

R = Me   vinblastine
R = CHO vincristine

---

[1] Le terme « dimère », très largement utilisé, est impropre puisque les deux parties constitutives de ces alcaloïdes ne sont pas identiques entre elles ; pour cette raison, le terme « monomère » est également impropre.

Les vinca alcaloïdes

La vinblastine et la vincristine sont, comme on le voit, constituées de deux parties de grandeur voisine mais de structure bien différente réunies l'une à l'autre par une seule liaison entre deux atomes de carbone (numérotés 16' et 10).

La partie Nord (moitié supérieure de leur formule) est la même dans la vinblastine et la vincristine et correspond à une structure de squelette *seco*-catharanthine, qui ne diffère de celui de la catharanthine, un alcaloïde naturel de la pervenche tropicale, que par la coupure de la liaison entre les deux atomes de carbone 16' et 21'.

La partie Sud (moitié inférieure de leur formule) est la vindoline elle-même dans la vinblastine et un très proche dérivé d'oxydation de la vindoline dans la vincristine.

Rappelons enfin que la catharanthine (mais pas la *seco*-catharanthine) et la vindoline existent à l'état naturel dans les feuilles de la pervenche tropicale.

Pour aller plus loin « 3 »

Un antimitotique est une substance perturbant la mitose, c'est à dire la division cellulaire d'une cellule mère en deux cellules filles. La mitose comporte quatre phases successives (prophase, métaphase, anaphase et télophase). À la métaphase, les chromosomes sont rassemblés au milieu de la cellule (à « l'équateur ») pour former la plaque métaphasique. Perpendiculairement à cette plaque s'est formé le fuseau mitotique, ensemble de « rails » le long desquels se déplaceront en quelque sorte lors de l'anaphase les chromatides (chaque chromosome s'est divisé en deux chromatides, chacune migrant vers un pôle opposé de la cellule pour reconstituer un chromosome).

Le fuseau mitotique est essentiellement composé de microtubules qui jouent donc un rôle essentiel dans la mitose. Les microtubules sont des microfilaments protéiques constitués par l'assemblage (on dit souvent, bien que le terme soit impropre, la « polymérisation ») d'une protéine appelée tubuline. La tubuline et les microtubules sont en équilibre dynamique, ce qui signifie qu'il se déplace constamment, selon les

Drôles d'histoires de médicaments d'origine naturelle

besoins de la cellule, vers la formation de microtubules (par assemblage donc) ou de tubuline (par désassemblage ou « dépolymérisation »).

Les vinca alcaloïdes, premiers antimitotiques utilisés en cancérologie, sont des inhibiteurs de l'assemblage de la tubuline en microtubules.

À l'inverse, les taxanes (paclitaxel, docétaxel, cabazitaxel), apparus plus tard en thérapeutique, sont des promoteurs de l'assemblage de la tubuline en microtubules et des inhibiteurs du désassemblage des microtubules en tubuline.

Ainsi, ce sont deux mécanismes opposés de perturbation de l'équilibre du système tubuline-microtubules qui expliquent l'action anticancéreuse des vinca alcaloïdes d'une part et des taxanes d'autre part.

Pour aller plus loin « 4 »

La vindésine n'est pas un alcaloïde naturel et elle est préparée par hémisynthèse à partir de la vinblastine naturelle dont elle diffère par les substituants des carbones C-16 (remplacement de la fonction ester par une fonction amide primaire) et C-17 (hydrolyse de la fonction ester acétique) sur la partie Sud.

vindésine

La vinblastine (Velbé®) est indiquée dans le traitement notamment de la maladie de Hodgkin et de lymphomes non hodgkiniens, des cancers du testicule, de l'ovaire, du sein, du rein, de la vessie, du sarcome de Kaposi...

La vincristine (spécialité princeps Oncovin®) est indiquée dans le traitement notamment des leucémies aiguës lymphoblastiques, de la maladie de Hodgkin et de lymphomes non hodgkiniens, du myélome, des neuroblastomes ainsi que dans celui des cancers du poumon, du sein, du col utérin...

La vindésine (Eldisine®) est indiquée dans le traitement des leucémies aiguës lymphoblastiques et des lymphomes réfractaires aux autres agents cytotoxiques ainsi que dans celui de divers cancers (poumon, sein, œsophage, voies aérodigestives supérieures).

Pour aller plus loin « 5 »

Sur la figure qui suit sont représentés deux produits presque identiques qui ne différent l'un de l'autre que par la configuration (= l'environnement spatial) du carbone C-16' de la partie Nord. Par convention en chimie, une liaison dessinée en pointillés se trouve en dessous du plan moyen de la molécule (ici la partie Nord) et une liaison dessinée en gras se trouve au-dessus.

La molécule A ne possède pas la même configuration en C-16' que la vinblastine et n'interfère quasiment pas avec la tubuline. C'est cette molécule ou des molécules voisines, possédant toutes cette même mauvaise configuration en C-16', qui ont été synthétisées entre 1967 et 1971. Elles ne permettaient pas l'accès à la vinblastine.

La molécule B, appelée anhydrovinblastine, possède la bonne configuration en C-16' car identique à celle de la vinblastine. L'identification par l'équipe de Pierre Potier de cette molécule B comme produit du couplage ouvrit la voie à l'obtention de la vinblastine.

molécule A
(configuration C-16' non naturelle)

molécule B = anhydrovinblastine
(configuration C-16' naturelle)

Pour aller plus loin « 6 »

Pierre Potier avait travaillé précédemment sur une ancienne réaction d'oxydation de la fonction amine, la réaction de Polonovski, qui utilisait comme un des réactifs, l'anhydride acétique de formule brute $C_4H_6O_3$. Il s'était alors aperçu qu'en remplaçant dans cette réaction l'anhydride acétique par son homologue, l'anhydride trifluoroacétique, $C_4F_6O_3$, la réaction conduisait parfois, non pas à l'oxydation de la fonction amine, mais à des réactions de fragmentation. C'est donc cette réaction modifiée (appelée aujourd'hui réaction de Polonovski-Potier) qui fut mise en œuvre sur la catharanthine (en présence de vindoline, la partie Sud, dans le milieu réactionnel). Comme prévu par Potier, la réaction produisit la coupure de la liaison 16'-21', libérant le squelette seco-catharanthine qui se lia par son carbone C-16' et avec la bonne configuration à la vindoline.

La réussite de ce couplage confirmait donc totalement la justesse de la démarche biomimétique proposée par Pierre Potier.

Pour aller plus loin « 7 »

5'-*nor* anhydrovinblastine
= vinorelbine (DCI)

La comparaison des structures de la vinblastine et de l'anhydrovinblastine montre des différences au niveau de la partie Nord sur les carbones C-15' et C-20'. Le préfixe *anhydro* signifie qu'il manque l'équivalent d'une molécule d'eau, H_2O, au niveau des carbones C-15' et C-20'. L'hydratation de la double liaison au niveau de ces deux carbones pour fournir de la vinblastine est en fait tout sauf simple ! C'est dans le cadre de ce travail que Pierre Mangeney a été amené à utiliser la réaction de Polonovski et donc l'anhydride acétique. Le remplacement de ce réactif par l'anhydride trifluoroacétique, correspondant donc à une réaction de Polonovski-Potier, engendra une réaction de fragmentation de la liaison 5'-6', suivie d'une élimination du fragment carboné 5' puis d'une refermeture du cycle entre l'azote 4' et le carbone C-6'. La formation du composé ainsi obtenu et appelé 5'-*nor* anhydrovinblastine [2] fut parfaitement expliquée car complètement en accord avec le mécanisme de la réaction de Polonovski-Potier.

Pour aller plus loin « 8 »

La présence de fluor dans les deux constituants de ce milieu superacide (HF acide fluorhydrique et SbF_5 pentafluorure d'antimoine) s'explique par sa très forte électronégativité, c'est-à-dire sa capacité à attirer les électrons de sa liaison chimique avec un autre élément (au détriment de cet autre élément, l'hydrogène dans HF et l'antimoine dans SbF_5).

Cette très forte électronégativité du fluor fait donc :

- de l'acide fluorhydrique un très puissant donneur d'ion H^+ et donc un acide très fort (au sens de la définition d'un acide de Brønstedt) ;
- du pentafluorure d'antimoine, qui possède une lacune électronique, un très puissant accepteur d'un doublet d'électrons et donc, lui aussi, un acide très fort (au sens cette fois de la définition d'un acide de Lewis).

---

[2] En chimie organique le préfixe nor suivi du nom d'un composé désigne la perte d'un radical carboné porté par un azote : dans le cas qui nous intéresse, il y a bien eu perte du radical carboné 5' de l'anhydrovinblastine.

Pour aller plus loin « 9 »

tabersonine

↓ Objectif initial (barré)

vindoline

Pour aller plus loin « 10 »

À partir d'un premier objectif, la préparation hémisynthétique de la vindoline, qui ne fut pas atteint, faute d'avoir pu oxygéner la position 11 de la tabersonine, les travaux débouchèrent, par réaction de la vinorelbine ou de l'anhydrovinblastine au niveau des carbones 15', 19' et 20' (encadrés sur le schéma page suivante), sur la découverte d'un nouveau médicament, la vinflunine.

Drôles d'histoires de médicaments d'origine naturelle

vinorelbine

Résultat final

vinflunine

Les vinca alcaloïdes

Pour aller plus loin « 11 »

Le vintafolide est un hybride d'un dérivé de la vinblastine avec l'acide folique (ce dernier orientant sélectivement le cytotoxique vers des cellules cancéreuses surexprimant le récepteur à l'acide folique).

Les thérapies ciblées visent, comme leur nom l'indique, une cible précise constituée par un mécanisme moléculaire qui sous-tend la maladie. En oncologie, ces cibles étant exprimées seulement ou davantage par les cellules cancéreuses que par les cellules saines, les effets indésirables de ces traitements ciblés sur les tissus sains sont donc attendus plus faibles qu'avec les cytotoxiques classiques.

LE ZICONOTIDE
Pathologie concernée : la douleur

LA DENT DE LA MER

Pour commencer...

Et voici le résultat de notre sondage hebdomadaire. À la question : C'est quoi un cône pour vous ? (*En italiques, les commentaires de notre institut de sondages*)

96% ont répondu : une crème glacée dans une gaufrette...

- Sous-réponse 1 (70%) : avec du chocolat au fond du cornet pour la fin ;
- Sous-réponse 2 (15%) : avec des amandes pilées sur le dessus pour le début ;
- Sous-réponse 3 (6%) : avec différents parfums mais le meilleur c'est chocolat-pistache ;
- Sous-réponse 4 (5%) : qu'on mange au cinéma, après les chips et le pop-corn.

Une analyse approfondie (ayant demandé de longs calculs d'ordinateur) a montré de façon tout à fait inattendue que les personnes ayant cité la sous-réponse 4 étaient toutes en surpoids.

2% ont répondu : un solide qui, quand il est appelé cône droit, peut donner un tronc de cône de hauteur H et de rayons R et r dont la formule du volume est : $\pi H/3 (R^2 + r^2 + Rr)$.
Cette réponse devient majoritaire quand la question est posée à la sortie d'une classe de Maths Sup à Louis Le Grand.

1,5% ont répondu : l'inflorescence femelle du houblon qui donne ce goût si caractéristique à la bière.
Cette réponse devient majoritaire quand la question est posée à la sortie de la réunion du Comité interprofessionnel des producteurs de houblon.

0,5% a répondu : un mollusque marin à l'origine du ziconotide, un puissant anti-douleur utilisé en thérapeutique.
Cette réponse devient majoritaire quand la question est posée à la faculté de pharmacie de Châtenay-Malabry, à la sortie d'un cours de pharmacognosie du professeur Erwan Poupon.

À la lumière de ce sondage dont la rigueur ne peut évidemment pas être contestée, il apparaît que les cônes de mer sont encore largement méconnus. J'espère donc que la présentation qui va suivre fera œuvre utile.

Les cônes de mer

Avant de rentrer dans le vif du sujet sur ces mollusques gastéropodes (*vif du sujet* est d'ailleurs vraiment l'expression qui convient pour ces animaux qui sont, nous le verrons, de redoutables prédateurs), il faut lever une ambiguïté de vocabulaire. Les Anglo-Saxons les appellent *Cone snails*, traduction littérale escargots de cônes. Comme cette dénomination en français ne veut rien dire et que ces animaux vivent dans la mer, la facilité serait de les appeler escargots de mer ou escargots marins. Cependant, les escargots de mer, en langage courant et surtout gastronomique, désignant plutôt les bigorneaux et les bulots, infiniment plus sympathiques, je préfère utiliser l'expression cônes de mer, qui sera ici abrégée tout simplement en cônes.

Les cônes, genre *Conus* (famille des Conidées) sont des mollusques gastéropodes de taille moyenne (jusqu'à environ 20 cm pour les plus grands), possédant une coquille de forme à peu près conique et d'une grande diversité de couleurs et de motifs (ces coquilles, souvent très belles, sont vendues dans certaines régions du monde dans les magasins de souvenirs de stations balnéaires). Ce genre compte plus de 600 espèces différentes vivant presque toujours dans les eaux chaudes

Le ziconotide

(régions tropicales et subtropicales) des océans Indien et Pacifique. La totalité de ces espèces est carnivore, se nourrissant de vers, de mollusques (dont d'autres cônes) et de poissons. Déjà décrits pour leurs piqûres venimeuses, parfois mortelles pour l'Homme, par le naturaliste néerlandais Georg Everhard Rumphius au tout début du 18e siècle, c'est au biologiste Alan... Kohn (je n'invente rien !) que l'on doit, en 1956, la description détaillée du *modus operandi* de ces animaux pour capturer, tuer et avaler leurs futures victimes. Caché dans le sable au fond des océans ou dans les coraux, le cône est alerté de la présence d'une proie à proximité par un signal chimique. En s'en rapprochant, il déploie une espèce de trompe (proboscis) sortant de sa bouche et contenant à son extrémité une dent unique, appelée dent radulaire, qui est reliée à une glande sécrétant le venin. Lorsque la proie est suffisamment proche de l'extrémité du proboscis, la dent radulaire, qui est extrêmement fine et fait office de dard, est éjectée avec puissance telle un harpon mais sans se détacher de l'extrémité du proboscis. L'animal touché, très rapidement paralysé et cessant de lutter au bout de quelques secondes, est ramené grâce aux contractions longitudinales du proboscis vers la bouche du cône ; cette dernière, d'une dimension de quelques millimètres en dehors des repas, s'agrandit à plus de 2 centimètres et engloutit la proie. Enfin, notons que le harpon est à usage unique et qu'il est renouvelé à chaque fois (que la chasse ait été fructueuse ou pas).

Si les premières études sur la pharmacologie et la composition chimique des venins de cônes ont été publiées par des scientifiques australiens au cours des années 1970, c'est véritablement au groupe de Baldomero Olivera, chimiste philippin qui a fait toute sa carrière à l'Université de l'Utah où il est aujourd'hui professeur émérite de biologie, que l'on doit l'essentiel des découvertes chimiques et pharmacologiques dans le domaine. C'est dans son laboratoire qu'a été isolé et étudié le composé qui allait devenir le ziconotide. Avant d'essayer de résumer le plus simplement possible son travail, voici d'emblée les deux points qui ressortent de façon évidente de la lecture de ses articles :

1. le rôle très important joué par plusieurs de ses étudiants (même pas en thèse !) dans l'avancement des recherches ;
2. la priorité toujours donnée à la recherche fondamentale. La découverte du ziconotide n'apparaît que comme une conséquence, presqu'un effet collatéral.

Drôles d'histoires de médicaments d'origine naturelle

Le récit de la découverte du ziconotide (en tout cas avant le choix de le développer comme médicament) est le contre-exemple parfait d'une recherche programmée de laboratoire pharmaceutique !

Vers le ziconotide

Disons tout de suite que les venins de cônes sont toujours d'une extraordinaire complexité (100 à 300 composés différents par venin). Les constituants les plus étudiés, appelés conotoxines, sont tous des peptides et leurs effets (pouvant aller chez l'Homme de l'équivalent d'une piqûre d'abeille à la mort) s'expliquent sur le plan pharmacologique par l'interaction avec des *récepteurs* et surtout avec des *canaux ioniques* (pour une explication simple des deux termes en italiques, **Cf. Pour aller plus loin « 1 »**).

Les premières conotoxines connues, les α- et μ-conotoxines, ont été isolées dans les années 1970 à partir du venin d'un cône particulièrement toxique, *Conus geographus,* vivant dans l'océan Indien et dans l'ouest de l'océan Pacifique. Sa piqûre est le plus souvent mortelle, ce qui s'explique quand on sait qu'elle est l'équivalent de l'addition d'une morsure de cobra et de la consommation d'un plat de fugu (poisson japonais très toxique par la présence de tétrodotoxine) qui aurait été mal préparé ! (*Cf. Pour aller plus loin « 2 »*).

La découverte de l'ω-conotoxine MVIIA (qui allait devenir le ziconotide) à partir du cône mage, *Conus magus*, récolté au large des Philippines, a été rendue possible par les progrès des techniques de séparation et purification au début des années 80 (arrivée de la Chromatographie Liquide Haute Performance = CLHP = HPLC en anglais) et par la modification du test sur l'animal utilisé jusqu'alors au laboratoire pour évaluer l'activité des venins. Cette modification fut introduite par un jeune étudiant de premier cycle de 19 ans, Craig Clark, auquel Baldomero Olivera rend un hommage très appuyé dans ses articles. Craig Clark proposa en effet de modifier la voie d'administration des extraits de venin chez la Souris en remplaçant la voie classique i.p. (intrapéritonéale) par une voie intracrânienne introduisant l'extrait directement dans le système nerveux central. Alors que la voie i.p. permettait d'observer quasiment toujours les mêmes signes sur l'animal,

Le ziconotide

à savoir une forte paralysie, les chercheurs découvrirent alors toute une palette de symptômes selon les fractions de venin injectées. Cette variété de réponses témoignait évidemment d'activités pharmacologiques elles aussi bien différentes. Certaines fractions de venin injectées à l'animal furent ainsi sélectionnées pour études selon les symptômes observés. Avant même d'avoir été isolés, purifiés et identifiés, les peptides contenus dans ces fractions étaient déjà désignés d'un nom en rapport avec les symptômes observés (*sleeper,* sleeper/climber,** shaker,*** slugggish,**** spasmodic,***** scratcher*******) selon que la souris dormait,* alternait sommeil et escalade des grilles de la cage,** tremblait fortement,*** était léthargique,**** prise de spasmes***** ou encore de l'envie de griffer******). Avant de revenir plus en détail sur les *shaker* peptides à l'origine du ziconotide, je ne résiste pas à l'envie de présenter le mode de collecte du venin imaginé et effectivement appliqué par, là encore, un tout jeune étudiant de premier cycle, Chris Hopkins, véritable MacGyver de laboratoire. Ce jeune étudiant avait mis au point une véritable traite (au sens de la récolte de lait) du cône. La traite se faisait en 3 étapes : a) d'abord, il présentait un poisson rouge au cône qui réagissait en déployant son proboscis ; b) il reprenait le poisson rouge et le remplaçait par... un préservatif moyennement gonflé et préalablement frotté contre le poisson rouge pour en garder l'odeur ; c) le cône harponnait bien sûr le préservatif dans lequel il déversait le venin que l'étudiant récupérait avec le préservatif après avoir coupé le harpon ; d) le poisson rouge était tout de même donné en repas au cône (récompense et conditionnement pour la traite suivante). Cette méthode qui donnait déjà satisfaction (sauf au poisson rouge...) fut améliorée en remplaçant le préservatif par un microtube à centrifuger en plastique, recouvert d'une membrane de latex (de préservatif ou de gant) et d'un bout de nageoire de poisson rouge. Cette dernière technique fut décrite et illustrée par de beaux dessins dans un article de 1995 du très sérieux *Journal of Biological Chemistry*.

C'est encore un jeune apprenti chercheur, venant tout juste de finir le lycée, Michael McIntosh, qui joua un rôle déterminant pour la suite des recherches en observant, au début des années 1980, l'effet *shaker* d'une fraction de venin de *Conus magus*. Le peptide fut alors isolé et, après détermination de sa structure, synthétisé par voie chimique pour disposer d'une quantité plus importante permettant des investigations plus poussées sur le plan neurophysiologique. L'étude fut menée en parallèle avec celle d'un autre peptide ayant provoqué le même effet *shaker* et qui avait été isolé peu après au laboratoire à partir de venin de *Conus geographus*. Les résultats obtenus furent très intéressants sur le plan fondamental puisqu'ils permirent la découverte d'un nouveau type de canaux ioniques, appelés canaux calciques voltage-dépendants de type N. Ces deux peptides qui venaient d'être identifiés comme les premiers inhibiteurs connus de ce nouveau type de canaux calciques furent dénommés respectivement ω-conotoxines GVIA (G comme Geographus) et MVIIA (M comme Magus). La première conotoxine (GVIA) allait devenir un des réactifs de laboratoire les plus utilisés dans le domaine des neurosciences et la seconde (MVIIA) intéresser un laboratoire privé (Neurex) qui souhaitait étudier les possibles applications thérapeutiques de ce pouvoir inhibiteur spécifique de certains canaux calciques.

$$H_2N-C-K-G-K-G-A-K-C-S-R-L-M-Y-D-C-C-T-G-S-C-R-S-G-K-C-\overset{O}{\underset{NH_2}{\|}}$$

ω-Conotoxine MVIIA* = Ziconotide

* *Pour le code international des AA, se reporter aux chapitres : L'exénatide ou Les insulines.*

Le ziconotide

C'est dans cette optique de valorisation thérapeutique de l'ω-conotoxine MVIIA que furent lancées d'abord des études de neuroprotection en rapport avec des pathologies telles que l'infarctus du myocarde et l'AVC, puis des recherches d'activité analgésique sur différents modèles animaux de la douleur (**Cf. Pour aller plus loin « 3 »**).

Les conclusions des premiers tests anti-douleur s'avérant encourageantes, les recherches furent poursuivies dans cette direction. Des résultats très positifs furent observés sur l'animal, en particulier un pouvoir analgésique 1000 fois supérieur à celui de la morphine dans certains modèles de douleur ainsi qu'une certaine efficacité dans d'autres modèles ne répondant pas aux opioïdes (morphiniques). De plus, le mécanisme analgésique de la conotoxine étant différent de celui des opioïdes, on pouvait espérer une absence de tolérance (c'est-à-dire d'accoutumance) en cas de traitement prolongé. La FDA autorisa ensuite les premiers essais cliniques chez des patients en phase terminale de cancers ou atteints de SIDA et qui n'étaient plus soulagés par la morphine. La suite du développement fut assurée par la firme pharmaceutique Elan qui avait racheté le laboratoire Neurex.

Comme il était exclu que le nom d'un nouveau principe actif de médicament comporte le terme toxine, la dénomination initiale ω-conotoxine MVIIA céda la place à ziconotide qui devint la DCI.

Le ziconotide, préparé par synthèse totale et possédant exactement la structure de la conotoxine naturelle, est utilisé en France depuis 2008 dans certains services hospitaliers seulement (Prialt®). Il est administré par voie intrathécale (voie intrarachidienne) à l'aide d'un dispositif de délivrance par pompe, pour le traitement des douleurs intenses, chroniques chez les patients adultes, nécessitant une analgésie intrarachidienne. En dépit d'une toxicité élevée (sérieux effets cognitifs et neuropsychiatriques, états confusionnels très fréquents), l'EMA (Agence Européenne du Médicament) a estimé que le ziconotide était une alternative aux autres analgésiques intrarachidiens, tels que les opioïdes. Des études sur l'utilisation à long terme du ziconotide sont en cours, portant en particulier sur l'éventualité du développement d'une tolérance (= accoutumance) au traitement.

Pour conclure

L'histoire de la découverte du ziconotide et peut-être demain d'autres peptides médicamenteux issus des cônes de mer a permis de présenter au lecteur de véritables *serial killers* des océans, aux méthodes de chasse tellement sophistiquées que le requin du film *Les dents de la mer* nous en apparaîtrait presque balourd et sympathique. Preuve supplémentaire de cette extrême sophistication : le cône, contrairement au requin de Steven Spielberg, n'a lui besoin que d'une seule dent (*La dent de la mer !*).

Pour que le lecteur associe cependant une image moins sanguinaire aux gastéropodes utilisés à des fins thérapeutiques, rappelons qu'il existe sur le marché (en France en tout cas) depuis 1957 un autre médicament directement issu d'un gastéropode, terrestre celui-là. Ce médicament, Hélicidine® (DCI hélicidine), est indiqué, par voie orale en sirop, dans le traitement symptomatique des toux non productives gênantes. Son principe actif ? Une mucoglycoprotéine, l'hélicidine, extraite du mucus d'*Hélix pomatia*. En langage plus clair, cela signifie que l'hélicidine est obtenue à partir de la bave de l'escargot de Bourgogne. Sur le plan scientifique, elle a certes été *très légèrement* moins étudiée que le ziconotide (sur la base de données biomédicale PubMed, 11 références seulement en 68 ans *versus* 382 références en 26 ans pour le ziconotide). Cependant, et c'est un grand avantage de l'hélicidine sur le ziconotide, penser à l'animal si sympathique qui la produit ne risque pas au moins de vous faire faire des cauchemars.

Nota bene : Pour la bonne information du lecteur et dans un esprit d'équité, nous reproduisons ci-dessous la lettre envoyée par le cône à l'éditeur, en réponse à celle du lièvre de mer.

Madame, Monsieur,

Je ne suis pas du tout étonné de la lettre que vous a envoyée le lièvre de mer, l'autre mollusque gastéropode cité dans ce livre (cf. Dolastatines).

Je vois au moins trois motivations qui ont poussé le dénommé Dolabella, ce mollusque végétarien dont le nom fait plus penser à une chanson de Tino Rossi ♩ ♪ ♪ Dolabella, Dolabella, Tchi-Tchi ! ♫ qu'à un animal marin, à vous adresser cette lettre, si méchante à mon égard :

- *la jalousie : il est vraiment moche, de forme, de couleur, de texture et de contour indéterminés alors que nous les cônes, toute modestie mise à part, nous sommes tellement fins, élégants et garnis de motifs si esthétiques dans leur diversité (cf. photo page ci-contre) ;*
- *la peur : il sait bien, l'amateur d'algues multicolores, qu'il n'a aucune chance de survie le jour où il me croise sur sa route ;*
- *le désappointement : ce pauvre lièvre de mer s'est fait récolter par tonnes pour découvrir des molécules dont on s'est aperçu*

Le ziconotide

finalement que ce n'est même pas lui, mais les bactéries qu'il héberge, qui les synthétisent. Alors que, moi, le Conus *comme il m'appelle, je n'ai besoin de personne pour fabriquer mes peptides venimeux.*

À ce propos, dites-lui bien que je me ferai un plaisir de lui faire essayer mon harpon à notre prochaine rencontre. Ce sera son dernier repas, mais c'est lui qui sera dans l'assiette !

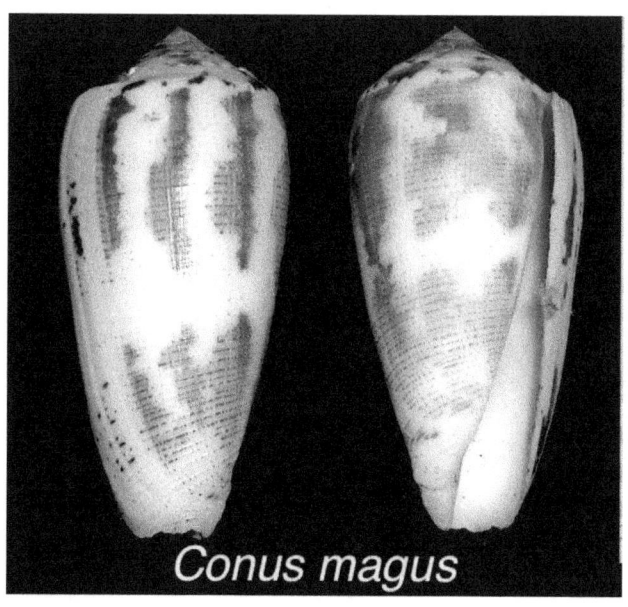

LE ZICONOTIDE
Pour aller plus loin

Pour aller plus loin « 1 »

Pour une présentation générale des peptides, se reporter au chapitre : Les insulines. *Pour aller plus loin « 2 »*. Bien que non cycliques (présentant donc les deux extrémités *N*- et *C*-terminales), certains peptides ont une structure qui peut néanmoins posséder des cycles. Ces derniers résultent alors de la présence de ponts disulfure qui s'établissent à distance entre deux AA soufrés appelés cystéine. Parmi les peptides des venins de cônes (conopeptides), le terme « conotoxine » est classiquement associé aux peptides présentant des ponts disulfure.

Un récepteur est une structure le plus souvent protéique qui interagit avec une molécule, soit endogène (existant dans l'organisme), soit exogène (un médicament par exemple) pour générer une action pharmacologique. La molécule exogène est dite agoniste du récepteur quand elle reproduit l'action de la molécule endogène et antagoniste quand elle s'y oppose. Ainsi certaines conotoxines sont des antagonistes des récepteurs nicotiniques (une sous-classe des récepteurs de l'acétylcholine).

Les canaux ioniques sont des structures protéiques traversant la membrane d'une cellule et qui constituent, en position ouverte, un passage entre milieux extra- et intracellulaires par lequel peuvent migrer des ions (sodium = Na^+, potassium = K^+, calcium = Ca^{++}, chlorure = Cl^-). Les canaux ioniques peuvent être classés selon différents critères :

- sélectivité : ils sont le plus souvent sélectifs d'un seul ion, mais pas toujours ;
- mode d'ouverture : certains sont ouverts en permanence, laissant librement passer les ions du milieu le plus concentré vers le plus dilué ; d'autres sont dits voltage-dépendants car sensibles aux

variations de tension électrique de part et d'autre de la membrane cellulaire ; d'autres enfin sont dits ligand-dépendants car nécessitant la fixation d'une molécule (neurotransmetteur) pour s'ouvrir. Le rôle physiologique des canaux ioniques est très important, en particulier aux niveaux musculaire et nerveux.

Pour aller plus loin « 2 »

La plupart des α-conotoxines sont des inhibiteurs des récepteurs nicotiniques comme l'α-bungarotoxine et la cobratoxine du venin de cobra ; d'autres α-conotoxines et les μ-conotoxines sont des bloqueurs de canaux sodium voltage-dépendants comme la tétrodotoxine du fugu.

Pour aller plus loin « 3 »

Ces pistes de valorisation thérapeutique reposaient sur les raisonnements suivants :

- dans les maladies ischémiques (arrêt ou insuffisance de la circulation artérielle) comme l'infarctus du myocarde ou l'AVC ischémique, la mort des neurones est corrélée à la présence d'un excès d'ion calcium intracellulaire. L'ω-conotoxine MVIIA était supposée diminuer cet excès, soit directement par blocage des canaux calciques N, soit indirectement par un mécanisme plus complexe faisant intervenir un neuromédiateur, le glutamate :
- dans la recherche d'un effet analgésique, la présence de nombreux canaux calciques voltage-dépendants de type N dans la moelle épinière pouvait être une cible intéressante.

ÉPILOGUE

Commencé avec la lettre A comme artémisinine, ce voyage au pays des médicaments d'origine naturelle prend donc fin avec la lettre Z comme ziconotide. Ce livre n'est pourtant pas encore terminé. Non pas que, tenaillé par un solide remords, ou encore tout simplement souhaitant combler les trous de l'alphabet (il ne vous a pas échappé que toutes les lettres n'étaient pas représentées dans ce livre), je décide *in extremis* dans cet épilogue de vous parler encore d'autres principes actifs d'origine naturelle. Pas la moindre intention de ma part dans ce sens, puisque c'est au tramadol, un médicament découvert par synthèse chimique il y a un peu plus de 50 ans et toujours préparé ainsi, que cet épilogue est consacré.

Dans ces conditions, pourquoi terminer ce livre, dédié aux médicaments issus directement ou indirectement d'une source naturelle, par le tramadol, un pur médicament de synthèse, et donc l'INTRUS par excellence dans cet ouvrage ? Deux raisons expliquent ce choix :

- la première, de très loin la principale, est une récente controverse scientifique qui est née à la suite de l'isolement de ce principe actif à partir des racines d'un arbre africain ;
- la seconde tient aux graves problèmes de santé, de plus en plus médiatisés, et qui sont directement liés à la surconsommation de médicaments opioïdes dont le tramadol fait partie.

Comme le récit qui suit le montrera, isoler un composé chimique à partir d'un être vivant (un végétal dans ce cas) n'est pas toujours la garantie que cette substance est d'origine naturelle.

Ce dernier récit, ce n'est d'ailleurs pas moi qui l'ai écrit, mais le tramadol lui-même, ainsi que vous pourrez le constater. Je laisse donc vous raconter sa « drôle » d'histoire.

LE TRAMADOL
(ANTALGIQUE = MÉDICAMENT DE LA DOULEUR)

D'OÙ VIENS-JE, QUI SUIS-JE ?

Pour commencer...

Mais que se passe-t-il ? Déjà que mon image de « bon » antalgique ne posant pas trop de problèmes n'était plus depuis longtemps qu'une légende, voici maintenant qu'il me faut affronter un véritable drame existentiel qui remet fondamentalement en cause mes origines. Comprenez mon désarroi, ma détresse : je me croyais âgé d'une cinquantaine d'années, ayant été, dans les années 60, conçu par synthèse chimique dans un laboratoire quelque part en Europe. Avec la publication des travaux d'une équipe franco-helvético-camerounaise, sous la direction de Michel De Waard, directeur de recherche à l'Inserm, je me découvre en 2013 infiniment plus vieux, ayant des millions d'années, produit non pas en laboratoire mais de façon on ne peut plus naturelle par un arbre. D'ex-jeune bébé éprouvette, me voici devenu très très vieux bébé naturel ! Car il semblerait qu'on vient de me retrouver dans une plante, mais attention pas dans un chou ou dans une rose comme vous les humains, mais dans un arbre africain répondant au joli nom de *Nauclea latifolia*. Ne comprenant plus où j'en suis et étant en train de perdre tous mes repères, j'éprouve le besoin de vous confier mes angoisses et ma douleur (un comble pour un antalgique !).

Pour mieux comprendre comment j'en suis arrivé là, le plus simple est peut-être de reprendre les choses par le début, enfin ce que je considère toujours comme le début, c'est-à-dire les années 60 du siècle dernier.

Un début de carrière plutôt tranquille

Je suis une molécule de synthèse découverte puis développée par le laboratoire pharmaceutique allemand Grünenthal. J'apparais pour la première fois dans un brevet pris par ce laboratoire en 1965, sous la forme d'une molécule dite racémique, c'est-à-dire constituée à 50/50 par deux composés de même structure plane mais qui sont en fait chacun l'image l'un de l'autre dans un miroir (ces deux formes symétriques mais non superposables sont appelées des énantiomères ou encore des antipodes optiques) (*Cf. Pour aller plus loin « 1 »*).

Le fait que je sois un racémique est important car les deux énantiomères qui me constituent ne possèdent pas la même action pharmacologique : l'un des énantiomères interfère avec les récepteurs morphiniques (= récepteurs opioïdes) et avec un neuromédiateur, la sérotonine, quand l'autre énantiomère interfère avec un autre neuromédiateur, la noradrénaline. Par conséquent, moi le tramadol, le racémique, réunissant les propriétés de l'un ET de l'autre des énantiomères qui me composent, j'interfère à la fois avec les récepteurs morphiniques, la sérotonine et la noradrénaline. Ces trois mécanismes d'action se complètent pour expliquer mon activité thérapeutique, une action antalgique (= anti-douleur), même si celle-ci repose essentiellement sur l'interférence avec les récepteurs morphiniques. Mais ces trois mécanismes d'action s'additionnent hélas aussi au niveau de la toxicité et des effets indésirables (*Cf. Pour aller plus loin « 2 »*).

Après douze années de recherche et développement, je suis commercialisé avec succès en 1977 en Allemagne Fédérale, mais il faudra attendre près de vingt ans pour que ma réputation franchisse les frontières avec, en 1995, mon arrivée sur le marché des États-Unis. D'autres pays suivront dont la France en 1997.

Le décollage et la consécration internationale

Si, comme on vient de le constater, mon début de carrière a été un peu poussif, je ne vais pas tarder, à l'international, à rattraper le temps perdu. Et cela, bien que les risques liés à mon utilisation thérapeutique aient été très rapidement pressentis. Pour comprendre ce succès, voyons

Le tramadol

d'abord dans quelle catégorie d'antalgiques je me situe et quels étaient, dans ce créneau, mes concurrents directs.

Je suis arrivé sur le marché avec comme indication thérapeutique officielle le traitement des douleurs modérées à intenses, par voie orale le plus souvent mais aussi par voie intraveineuse à l'hôpital.

Dans la classification des antalgiques de l'OMS (Organisation Mondiale de la Santé) qui comporte trois paliers :

- palier 1 : antalgiques non opioïdes (le paracétamol, l'aspirine, les AINS = anti-inflammatoires non stéroïdiens, essentiellement) ;
- palier 2 : antalgiques opioïdes faibles ;
- palier 3 : antalgiques opioïdes forts (la morphine comme chef de file, le fentanyl, l'oxycodone, etc.),

je me retrouve dans la catégorie 2 aux côtés principalement de la codéine et du dextropropoxyphène.

En tant que médicament opioïde, même faible, les risques de dépendance (addiction) et d'accoutumance (tolérance) liés à ma consommation ont été rapidement mis en avant : augmentation des doses, usage abusif et syndrome de sevrage (de manque) à l'arrêt. Ce détournement d'usage repose, comme avec d'autres opioïdes, sur les sensations procurées et donc recherchées (un mélange d'euphorie, de détachement et de relaxation). S'ils n'apparaissent pas très élevés, ces risques sont réels et, la suite le prouvera, peuvent concerner aussi des malades sans aucun antécédent de toxicomanie. À côté de cette toxicité liée à mon profil d'opioïde, je vous rappelle que je me singularise aussi de la concurrence par des effets indésirables supplémentaires qui me sont propres.

Avec ce profil potentiellement toxique, pourquoi un tel succès international ? Je pense que l'explication se trouve, au moins en partie, dans les points faibles suivants de mes deux principaux concurrents de l'époque, la codéine et le dextropropoxyphène :

- la codéine est chimiquement parlant un vrai morphinique. Elle est issue du pavot somnifère comme la morphine dont elle est très proche sur le plan structural (c'est une méthylmorphine). D'ailleurs son action s'explique, après administration, par sa transformation dans l'organisme (sa métabolisation) en morphine. L'usage abusif d'antitussifs à base de codéine (sirop Néo-Codion® en particulier) par des toxicomanes renforce encore son image de « petite sœur » de la morphine. Cette très grande parenté structurale avec la morphine explique d'ailleurs qu'elle soit classée, en tant que produit chimique, parmi les stupéfiants. Pour ce qui me concerne, ma structure ne présente seulement qu'une certaine analogie avec celle de la morphine (analogie qui était volontaire lorsque j'ai été conçu et qui explique mon affinité pour les récepteurs opioïdes), mais elle en reste très éloignée. Ne possédant pas le squelette chimique complet de la morphine (dit morphinane), je ne permets donc absolument pas d'accéder par transformation chimique à la morphine et à ses dérivés ;

- le dextropropoxyphène, lui non plus, n'est pas un vrai morphinique. C'est une molécule déjà assez ancienne qui domine depuis longtemps le marché des antalgiques opioïdes faibles, surtout associé au paracétamol dans la spécialité Di-Antalvic®. Mais depuis le début des années 2000, l'on sait que les jours du dextropropoxyphène sont comptés : des notifications de toxicité, notamment cardiaque sont apparues dans différents pays et les retraits des spécialités le renfermant se succèdent depuis 2005 (après recommandation de retrait par l'Agence Européenne du Médicament en 2009, le Di-Antalvic® sera supprimé en France en 2011).

Ainsi, bien que mon profil d'utilisation n'ait jamais été considéré comme très sûr, je vais pouvoir au fil des années croître et prospérer en profitant, entre autres, de la disparition d'un de mes deux concurrents (un certain nombre de voix se demandent d'ailleurs aujourd'hui si le retrait du dextropropoxyphène était une bonne mesure).

De la même façon que le nombre de rééditions d'un livre ou de reprises d'une chanson par différents interprètes sont de bons indices de succès, l'évolution du nombre de spécialités me contenant, seul ou associé au paracétamol, est tout à fait évocateur : si en France, on dénombrait déjà en l'an 2000, soit moins de trois ans après le lancement de la première spécialité (Topalgic®), 19 médicaments me contenant (tous dosages et formes d'administration confondus), on en comptait en 2018, 89 ! Cette même courbe ascendante est retrouvée dans une étude de l'ANSM publiée en février 2019, montrant que ma consommation en France, seul ou en association, a augmenté (en médecine de ville) de 68% entre 2006 et 2017 et qu'en 2017, j'étais le médicament opioïde le plus consommé en France. Aux États-Unis, entre 2008 et 2013, le marché des ordonnances annuelles me prescrivant a presque doublé (passant de 23 000 000 à 44 000 000).

Mon succès planétaire ne connaissant pas de limites, je n'ai pas tardé à gagner et même à inonder plusieurs pays africains, en particulier ceux situés à l'ouest du continent et au Sahel. Le Bénin, le Burkina Faso, le Cameroun, la Côte d'Ivoire, le Ghana, le Niger, le Nigeria, le Sénégal, la Sierra Leone, le Togo, semblent être les principaux pays par où je transite et où je suis consommé. J'y suis vendu dans les circuits pharmaceutiques et surtout non pharmaceutiques, en provenance essentiellement d'Inde et de Chine et y suis consommé à fortes doses, bien supérieures aux posologies prescrites. On me prend pour être plus fort, pour tenir le coup, pour travailler dur et conserver son emploi, pour résister à la chaleur, pour améliorer les performances sexuelles, etc. (sédatif aux doses habituelles, je deviens stimulant à fortes doses). Aux dangers inhérents à mon utilisation s'ajoutent ceux apportés par mes contrefaçons et leurs impuretés. Car je fais bien sûr l'objet de contrefaçons. Être contrefait, comme certains autres médicaments et comme de nombreux objets de l'industrie du luxe, quel bonheur, quelle consécration ! Existe-t-il un meilleur symbole de la réussite ?

J'en étais là à mesurer le chemin parcouru en 50 ans lorsque ce fameux article scientifique parut en 2013…

2013 : le ciel me tombe sur la tête !

L'article sortit en septembre 2013 dans une excellente revue de chimie, *Angewandte Chemie International Edition*, et eut tout de suite un grand retentissement qui dépassa largement le cercle de la chimie du médicament. Il faut dire que son titre *Occurrence of the Synthetic Analgesic Tramadol in an African Medicinal Plant* (en français : Présence de l'analgésique tramadol dans une plante médicinale africaine) était suffisamment clair. Presque 6 ans plus tard, Google garde encore le souvenir des premières réactions puisqu'en tapant sur ce moteur de recherche *tramadol, molécule naturelle ?*, voici la plupart des réponses évoquant cette découverte que l'on trouve toujours en première page en mai 2019 :

Une molécule contre la douleur découverte à l'état naturel en Afrique (presse.inserm.fr 25/9/2013).

Un antidouleur synthétique retrouvé à l'état naturel (santé.lefigaro.fr 30/9/2013).

Douleur : découverte d'une plante aussi efficace que le Tramadol ! (medisite.fr 26/9/2013).

Le tramadol (re)découvert à l'état naturel dans une plante africaine (lequotidiendumédecin.fr 27/9/2013).

Nauclea latifolia ou les mystères de la plante antidouleur (monherboristerie.com 12/10/2013).

Tramadol : molécule antidouleur, retrouvée à haute dose dans une plante (futura-sciences.com 4/10/2013).

Une molécule naturelle au passé synthétique-Sens et Symboles (lessymboles.com 27/3/2014).

Mais que disait cet article ? Que l'on m'avait retrouvé au Cameroun, isolé à partir des racines d'un arbre, *Nauclea latifolia* (= *Sarcocephalus latifolius*) [1], utilisé en médecine traditionnelle comme traitement de la douleur, du paludisme, de la fièvre, de l'épilepsie et des convulsions chez l'enfant. Que cet arbre avait justement été sélectionné par les chercheurs en raison de sa réputation comme remède à la douleur. Que ma composition chimique dans cet arbre, la forme racémique, mélange 50/50 des deux énantiomères, était exactement la même que celle, synthétique, connue jusqu'alors. Que j'étais présent seulement dans les racines, mais pas dans les autres parties de la plante. Cet article montrait aussi que les auteurs avaient évidemment pensé à l'hypothèse d'une contamination de l'arbre par du tramadol synthétique, mais que les précautions qu'ils

---

[1] Ses noms anglais sont *African pincushion tree* (traduction littérale : arbre à pelote à épingles) et *African peach tree* (pêcher africain) en raison de l'aspect de ses inflorescences et de ses fruits (*cf.* photo ci-contre).

avaient prises dans cette étude permettaient, selon eux, de valider la présence naturelle de tramadol dans les racines de cet arbre.

Comment ne pas comprendre mon désarroi exprimé précédemment ? L'article avait l'air sérieux, était publié dans une revue de chimie très réputée et avait donc été analysé par des rapporteurs (en anglais des *referees*) qui l'avaient rapidement accepté pour publication. De plus, ma présence naturelle dans cet arbre validait une utilisation traditionnelle de longue date de cette plante pour lutter contre la douleur. C'était effectivement une très belle histoire… sauf qu'elle me faisait brusquement vieillir de plusieurs millions d'années !

2014 : j'ai de nouveau la cinquantaine et le moral revient

J'avais beau me persuader que tout était pour le mieux et qu'avoir été conçu naturellement au fin fond des racines d'un arbre africain était plus sympathique que sur la froide paillasse d'un laboratoire de chimie, je continuai à avoir beaucoup de mal à accepter mon âge antédiluvien. Heureusement, le moral revint en force en 2014 avec la publication, dans le même journal de chimie, des travaux d'une équipe germano-camerounaise, sous la direction de Michael Spitaller. Cet article était intitulé *Tramadol – A True Natural Product ?* (en français : Le tramadol – un vrai produit naturel ?) et il était présenté par l'Éditeur avec la mention « *Very Important Paper* ».

Le travail qui était décrit dans cet article était une réponse à celui de 2013 et il rapportait les résultats de deux types d'études complémentaires :
- d'une part des analyses de diverses plantes visant à rechercher ma présence ;
- d'autre part des enquêtes sur la façon dont la population me consommait de façon détournée selon les régions du pays.

Disons tout de suite que les corrélations entre ces deux types d'études plaidaient tout à fait en faveur d'une présence de tramadol synthétique de contamination et non de tramadol naturel. En effet :

1. les enquêtes sur le terrain montraient nettement que j'étais très facile à trouver, en tant que médicament, dans le nord du pays (dans les marchés ou dans la rue) mais pas dans le sud où l'on ne me connaissait pas. Que les fermiers du nord du pays étaient nombreux à me consommer de façon détournée pour mieux supporter leurs conditions de travail et qu'ils me mélangeaient également, pour la même raison, à la nourriture de leurs animaux (bovins), en particulier ceux utilisés comme animaux de trait ;

2. sur le plan des études chimiques, j'ai bien été retrouvé dans les racines de *Nauclea latifolia* poussant au nord (mais en quantité bien plus faibles que dans l'étude de Michel De Waard) mais pas dans celles du même arbre poussant au sud. De plus, dans les régions du nord où pousse *Nauclea latifolia*, j'ai également été identifié dans les racines de cinq autres espèces végétales, mais aussi dans des échantillons de sol et d'eau (eau de puits, de ruisseau, de surface). Enfin, partout où ma présence a été constatée, étaient aussi retrouvés certains de mes métabolites (produits de dégradation) humains et animaux.

Tous ces résultats accréditaient donc ma présence dans *Nauclea latifolia* mais aussi dans les autres racines de plantes, comme la conséquence d'une contamination de l'eau et du sol par les déjections humaines et animales. Il va sans dire que ces conclusions qui me ramenaient à l'état d'une jeune molécule de synthèse d'à peine 50 ans me réjouirent.

2015-2016 : Suite et fin (?)

Alors que l'on pouvait penser que l'article-réponse de l'équipe de Michael Spiteller avait mis un point final à l'affaire, la controverse scientifique se prolongea en 2015 et 2016 avec la parution, toujours dans de très bonnes revues, de trois nouvelles publications (deux pour l'équipe française et une pour l'équipe allemande).

Dans son nouvel article, l'équipe germano-camerounaise démontra, à l'aide d'expériences au ^{14}C (isotope carbone 14), que ma présence dans le sol était due de façon certaine à une contamination et que je n'étais donc pas naturel (*Cf. Pour aller plus loin « 3 »*).

De plus, des expériences réalisées sur des cultures *in vitro* effectuées à partir de graines de *Nauclea latifolia* (= *Sarcocephalus latifolius*) provenant d'un jardin botanique londonien et exemptes de toute trace de tramadol montrèrent notamment :

1) que je n'étais présent dans aucune partie de la plante ;

2) mais que l'on me retrouvait dans les racines, moi uniquement mais pas mes métabolites, si l'on me rajoutait à la solution nutritive de la plante.

Dans l'une de ses deux nouvelles publications, l'équipe de Michael De Waard commença par préciser que l'échantillon de racines dans lequel j'avais été trouvé en forte concentration provenait d'une réserve naturelle où l'activité humaine et le pâturage de bovins étaient interdits. Ensuite, elle arriva à me préparer par synthèse chimique au laboratoire en utilisant un procédé simple qui, selon cette équipe, mimait ce qui pouvait se faire dans la plante. Dans son second article, cette équipe montra comment des études de RMN pouvaient constituer une aide précieuse à la connaissance de la biosynthèse (= biogenèse) de composés naturels. Elle reconnaissait cependant que la seule véritable façon de prouver le caractère naturel du tramadol dans *Nauclea latifolia* passait par des expériences de biosynthèse réalisées avec des précurseurs marqués (*Cf. Pour aller plus loin « 4 »*).

Trois ans ont passé depuis le dernier de ces articles et les preuves biosynthétiques montrant que *Nauclea latifolia* est capable de me fabriquer n'ont à ce jour pas été apportées. Tant qu'elles ne le seront pas, l'hypothèse que ma présence dans cette plante est due à une contamination causée par l'Homme et non à une production naturelle par la plante restera de très loin la plus solide. Et moi, tramadol, jusqu'à preuve du contraire, je resterai toujours et uniquement une molécule de synthèse dans la force de l'âge. Ouf !

Pour conclure

Quand je pense à l'Afrique aujourd'hui, ce sont les ravages que j'y provoque là-bas et tout ce qui va avec qui me peinent. Me retrouver désormais le plus souvent associé à des mots comme « trafic, criminalité, toxicomanie, overdose, mort » alors que je rêvais au début de ma carrière à de beaux articles élogieux mettant en valeur mon activité antalgique, quelle désillusion ! Par contre, l'histoire de mon hypothétique origine naturelle est pour moi du passé, les arguments de contamination avancés par l'équipe allemande me semblant suffisamment convaincants. Depuis cette affaire, je suis quand même devenu un peu paranoïaque, m'attendant à tout moment à voir revenir une telle histoire d'une façon ou d'une autre. Demain ou après-demain, on annoncera peut-être au monde entier que l'on a trouvé du tramadol sur Mars ou sur une autre planète. Là au moins, il n'y aura pas de controverse, l'explication sera évidente et admise par tous : ce sera E.T., l'extraterrestre, qui m'aura rapporté là-bas après son passage sur la Terre au début des années 80. Être associé dans l'esprit des gens à E.T. serait même ce qui pourrait m'arriver de mieux pour redresser mon image tant ce personnage est sympathique et émouvant. Et puis il est vraiment doué de pouvoirs extraordinaires : arriver à faire pleurer le monde entier juste avec des mots comme « *téléphone, maison* » ça n'est pas donné à tout le monde.

Notes de l'auteur

Parler du tramadol m'a permis de rappeler les dégâts déjà occasionnés par son détournement d'utilisation dans des pays riches (aux États-Unis surtout mais on commence à les constater aussi dans d'autres

Le tramadol

pays dont la France) et dans les pays pauvres, d'Afrique en particulier où le trafic et la consommation sont en pleine expansion (en Afrique subsaharienne, les saisies annuelles de tramadol sont passées entre 2013 et 2017 de 300 kg à 3 tonnes).

J'ai aussi pu revenir sur la controverse scientifique récente, consécutive à la découverte de cette molécule dans un arbre du Cameroun. Cette histoire du tramadol « naturel » n'est pas restée cantonnée aux seuls journaux scientifiques et a été reprise dans de très nombreux medias généralistes (presse écrite, audiovisuelle, numérique). Enfin, quand je dis *reprise*, il faudrait préciser *partiellement* : on a en effet beaucoup entendu parler d'un tramadol « naturel » élaboré par Dame Nature (ah comme c'est merveilleux !) et très peu (c'est nettement plus terre à terre, c'est le cas de le dire) d'un tramadol de contamination passant des déjections humaines et animales au sol, puis du sol aux racines de la plante.

Enfin, de façon plus légère, l'histoire du tramadol m'aura permis de réfléchir à l'étymologie de cette DCI, tramadol, et d'apporter ainsi ma modeste contribution à l'histoire de ce composé. En effet, si la désinence *-adol* évoque la privation de la douleur et donc la classe des analgésiques, l'origine du préfixe *tram-* reste, elle, totalement inconnue et impossible à relier logiquement à la structure chimique. C'est pourquoi je me permets de proposer au lecteur une nouvelle étymologie, tout à fait originale : la DCI tramadol serait en fait un hommage discret, codé en quelque sorte, à ce génie que fut Louis Pasteur.

Mon hypothèse (dont, en toute modestie, je ne doute pas un seul instant qu'elle soit juste) repose sur les faits suivants :

1. Le tramadol est un mélange racémique tout comme l'était l'acide dit « paratartrique » à partir duquel Pasteur sépara manuellement les cristaux des deux énantiomères d'acide tartrique, jetant ainsi les bases de la dissymétrie moléculaire et de la chiralité des molécules, des notions absolument fondamentales en chimie organique.

2. Pasteur naquit en 1822 dans le Jura, dans la ville de Dole où il ne vécut que cinq ans, c'est-à-dire bien trop peu pour connaître cette ville, son histoire et ses secrets.

3. Malgré ses illustres découvertes dans les domaines de la chimie et de la microbiologie, Pasteur essaiera toute sa vie de percer les mystères de sa ville natale qui lui tenait tant à cœur. Même lors de ses recherches les plus célèbres, cette idée fixe occupera constamment son esprit, comme le montre l'illustration (authentique évidemment) qui accrédite pleinement mon hypothèse d'un choix de DCI lui rendant hommage.

LE TRAMADOL
Pour aller plus loin

Pour aller plus loin « 1 »

énantiomère dextrogyre   énantiomère lévogyre

(+)   (−)

tramadol (racémique)

    Le tramadol est une molécule racémique, mélange en quantités égales de ses deux énantiomères, le (+)-tramadol et le (−)-tramadol, qui sont donc l'image l'un de l'autre dans un miroir. Le (+)-tramadol est l'énantiomère dextrogyre (*d*-tramadol) car il dévie la lumière polarisée dans le sens des aiguilles d'une montre (pouvoir rotatoire positif) et le (−)-tramadol est l'énantiomère lévogyre (*l*-tramadol) car il la dévie en sens inverse (pouvoir rotatoire négatif). Les valeurs absolues des déviations produites par les deux énantiomères étant les mêmes, le tramadol racémique ne dévie donc pas la lumière polarisée (pas de pouvoir rotatoire).

Pour aller plus loin « 2 »

Bien des principes actifs de médicaments sont des molécules racémiques. Cela ne pose aucun problème lorsque les deux énantiomères ont une activité pharmacologique identique (même si elle est d'intensité différente) ou que l'un des énantiomères n'a pas d'activité. Il y a problème lorsque les activités sont différentes et qu'en particulier l'un des énantiomères est toxique (exemple : c'est la lévodopa, isomère lévogyre de la dopa, qui est utilisée dans la maladie de Parkinson car la dextrodopa est surtout à l'origine d'effets indésirables).

Dans le cas du tramadol, les effets pharmacologiques sont différents :

- le (+)-tramadol est un agoniste des récepteurs opioïdes et un inhibiteur de la recapture de la sérotonine ;
- le (−)-tramadol est un inhibiteur de la recapture de la noradrénaline.

Cependant, le laboratoire a commercialisé le tramadol racémique, soit pour des raisons pharmacologiques (estimant que les actions se complétaient au niveau de l'effet antalgique)… soit pour des raisons pratiques et commerciales (un racémique est plus facile à synthétiser que l'un de ses énantiomères).

Le RCP (Résumé des Caractéristiques du Produit, rattaché à l'AMM) des médicaments contenant du tramadol présente l'action pharmacologique de ce dernier de la façon suivante :

Analgésique opioïde à action centrale. Il s'agit d'un agoniste partiel et non sélectif des récepteurs morphiniques µ, δ, et κ avec une affinité plus élevée pour les récepteurs µ. D'autres mécanismes qui contribuent aux effets analgésiques du produit sont l'inhibition de la recapture neuronale de noradrénaline et l'augmentation de la libération de sérotonine.

Outre les effets indésirables du tramadol liés à son mécanisme d'agoniste opioïde faible (nausées, effets neuropsychiques, risques de dépendance, d'usage abusif et d'apparition d'un syndrome de sevrage), le tramadol présente aussi les inconvénients des antidépresseurs inhibiteurs de recapture de la sérotonine (abaissement du seuil de convulsion, risque de syndrome sérotoninergique, hyponatrémie = baisse de la concentration

Le tramadol

en ion sodium dans le sang). Le tramadol entre donc en interaction avec tout autre médicament abaissant le seuil épileptogène et favorisant un syndrome sérotoninergique. Il facilite également les hypoglycémies.

Pour aller plus loin « 3 »

Les expériences au ^{14}C faites dans l'article reposent sur les données suivantes :

1. Le carbone 14, noté ^{14}C est un isotope naturel radioactif du carbone. Sa demi-vie (temps nécessaire pour que la radioactivité diminue de moitié par désintégration de la moitié des isotopes) est d'environ 5730 années. Il est donc présent dans le CO_2 de l'air que l'on respire aujourd'hui mais pas dans les matières fossiles comme le pétrole.
2. Le carbone des molécules organiques d'un végétal provient du CO_2 atmosphérique absorbé par la plante par photosynthèse.

Conclusions : le tramadol de synthèse, fabriqué au laboratoire avec des matières premières issues de la pétrochimie sera dénué de ^{14}C alors que le tramadol naturel en contiendra.

Résultats : les analyses du tramadol de synthèse (extrait d'un médicament acheté sur un marché au Cameroun) et du tramadol isolé d'échantillons de sol montrent toujours l'absence de ^{14}C, ce qui prouve que le tramadol présent dans les sols est bien d'origine synthétique.

Pour aller plus loin « 4 »

Toute molécule X fabriquée par un être vivant (ici un végétal) l'est à travers une suite de réactions biochimiques dont l'ensemble constitue la biogenèse de la molécule. Cette biogenèse démarre donc avec une ou des molécules de départ, se poursuit *via* des molécules intermédiaires et se termine avec la molécule X. La preuve que l'hypothèse biogénétique proposée pour la molécule X est correcte est apportée en ajoutant aux nutriments fournis à la plante cultivée *in vitro* une molécule (celle du départ ou un intermédiaire) intervenant dans la biogenèse. On regarde alors :

1. si la molécule ajoutée a bien été absorbée par la plante ;
2. si elle a effectivement été incorporée dans le schéma biogénétique imaginé.

Pour suivre cette incorporation, la molécule ajoutée (appelée précurseur) est marquée sur un ou plusieurs atomes par un isotope rare (^2H = deutérium, ^{13}C, ^{15}N, ^{18}O).

Notons que le résultat d'une telle expérience, réalisée sur culture hydroponique (culture hors-sol) de *Nauclea latifolia*, a été rapporté dans l'article de Spitaller *et al.* de 2016 : la molécule ajoutée comme précurseur était de la phénylalanine pentadeutérée. La phénylalanine avait été choisie car elle avait été proposée en 2015 par De Waard et son équipe comme étant l'une des molécules de départ dans leur hypothèse de biogenèse du tramadol. L'expérience de Spitaller *et al.* montra que la phénylalanine pentadeutérée avait bien été captée par la plante puis qu'elle avait été incorporée dans la biogenèse d'autres molécules naturelles normalement fabriquées par la plante. Cependant, aucune trace de tramadol marqué ou non marqué au deutérium ne fut retrouvée.

BIBLIOGRAPHIE

RÉFÉRENCES GÉNÉRALES :

Les sites internet suivants :
- Le dictionnaire de l'Académie nationale de Pharmacie et plus particulièrement la section des définitions de Pharmacognosie, rédigées par l'auteur et par Michel Lebœuf, avec la participation d'Erwan Poupon, professeurs de pharmacognosie à la faculté de pharmacie de Châtenay-Malabry, Université Paris Sud :
http://dictionnaire.acadpharm.org/w/Acadpharm:Accueil
http://dictionnaire.acadpharm.org/w/Acadpharm:Pharmacognosie
en libre accès.

- ANSM (Agence nationale de sécurité du médicament et des produits de santé) :
https://ansm.sante.fr/ en libre accès.

- Thériaque (Banque de données sur les médicaments) :
http://www.theriaque.org/apps/contenu/accueil.php
réservé aux professionnels de santé, après inscription.

- La Revue Prescrire :
http://www.prescrire.org/fr/Summary.aspx
libre accès seulement aux références de tous les articles de la revue (titre, année, volume, pages) à partir d'un mot-clé ; par contre le contenu des articles est réservé aux abonnés.

POUR LES MÉDICAMENTS D'ORIGINE VÉGÉTALE SEULEMENT :

Bruneton J. *Pharmacognosie, Phytochimie, Plantes médicinales* 2016, 5e édition, Éditions Lavoisier TEC & DOC, Paris.

PAR CHAPITRE :

INTRODUCTION SUR LES PRINCIPES ACTIFS D'ORIGINE NATURELLE
1) Galanie S., Thodey K., Trenchard I.J., Filsinger Interrante M. et Smolke C. D. *Science* 2015, *349*, 1095-1100.
Complete biosynthesis of opioids in yeast.

L'ARTÉMISININE ET SES DÉRIVÉS
1) Van der Meersch H. *J. Pharm. Belg.* 2005, *60*, 23-29.
L'artémisinine et ses dérivés dans la lutte contre la malaria.

2) Bernard P. *Le Monde* 2005, 26 novembre, 24-25.
Une plante chinoise contre le paludisme.

3) http://www.who.int/malaria/world_malaria_report_2010/malaria2010_summary_keypoints_fr
Rapport 2010 de l'OMS sur le paludisme dans le monde.

4) Klonis N., Creek D.J. et Tilley L. *Curr. Opin. Microbiol.* 2013, *16*, 722-727.
Iron and heme metabolism in *Plasmodium falciparum* and the mechanism of action of artemisinins.

5) Tu Y. *Angew. Chem. Int. Ed.* 2016, *55*, 10210-10226.
Artemisinin : A gift from traditional chinese medicine to the world (Nobel lecture).

6) http://www.who.int/malaria/publications/world-malaria-report-2018/report/fr/
Rapport 2018 de l'OMS sur le paludisme dans le monde.

7) Vandoolaeghe P et Schuerman L. *Pan. Afr. Med. J.* 2018, *30*, article n°142.
Le vaccin antipaludique RTS,S/AS01 chez les enfants âgés de 5 à 17 mois au moment de la première vaccination.

8) Zhang Y., Xu G., Zhang S., Wang D., Prabha Saravana P. et Zuo Z. *Nat. Prod. Bioprospect.* 2018, *8*, 303-319.
Antitumor research on artemisinin and its bioactive derivatives.

9) Abba M.L., Patil N., Leupold J.H., Saeed, M.E.M., Efferth T. et Allgayer H. *Cancer Lett.* 2018, *429*, 11-18.
Prevention of carcinogenesis and metastasis by Artemisinin-type drugs.

LA CAMPTOTHÉCINE ET SES DÉRIVÉS

1) Wang J.C. *J. Mol. Biol.* 1971, *55*, 523-533.
Interaction between DNA and an *Escherichia coli* protein w.

2) Champoux J.J. et Dulbecco R. *Proc. Nat. Acad. Sci. USA* 1972, *69*, 143-146
An activity from mammalian cells that untwists superhelical DNA-A possible swivel for DNA replication.

3) Hsiang Y-H, Hertzberg R., Hecht S. et Liu L.F. *J. Biol. Chem.* 1990, *260*, 14873-14878.
Camptothecin induces protein-linked DNA breaks via mammalian DNA topoisomerase I.

4) Potmesil M. et Pinedo H. *Camptothecins : New anticancer agents* 1995, Editions CRC Press, Boca Raton, USA.

5) Wall M.E. et Wani M.C. *Cancer Res.* 1995, *55*, 753-760.
Camptothecin and taxol : discovery to clinic−Thirteenth Bruce F. Cain memorial award lecture.

6) Wang J.C. *Annu. Rev. Biochem.* 1996, *65*, 635-692.
DNA Topoisomerases.

7) Champoux J.J. *Annu. Rev. Biochem.* 2001, *70*, 369-413.
DNA Topoisomerases.

8) Ulukan H et Swann P.W. *Drugs* 2002, *62*, 2039-2057
Camptothecins. A review of their chemotherapeutic potential.

9) Pommier Y. *Chem. Rev.* 2009, *109*, 2894-2902.
DNA Topoisomerase I inhibitors : Chemistry, biology and interfacial inhibition.

10) Martino M., Della Volpe S., Terribile E., Benetti E., Sakaj M., Centamùore A., Sala A. et Collina S. *Bioorg. Med. Chem. Lett.* 2017, *27*, 701-707.
The long story of camptothecine : From traditional medicine to drugs.

LA CYCLOPAMINE
1) Binns W., James L.F. et Shupe J.L. *Ann. N. Y. Acad. Sci.* 1964, *111*, 571-576.
Toxicosis of *Veratrum californicum* in ewes and its relationship to a congenital deformity in lambs.

2) Keeler R.F. et Binns W. *Can. J. Biochem.* 1966, *44*, 829-838.
Teratogenic compounds of *Veratrum californicum* (Durand). II. Production of ovine fetal cyclopia by fractions and alkaloid preparations.

3) Lee S.T., Welch K.D., Panter, K.E., Gardner D.R., Garrossian M. et Cheng-Wei Tom Chang *J. Agric. Food Chem.* 2014, *62*, 7355-7362.
Cyclopamine : From cyclops lambs to cancer treatment.

4) Chen J.K. *Nat. Prod. Rep.* 2016, *33, 595-601.*
I only have eye for ewe : the discovery of cyclopamine and development of Hedgehog pathway-targeting drugs.

LES DOLASTATINES
1) Pettit, G.R. *Fortschritte der Chemie organischer Naturstoffe/Progress in the Chemistry of Natural Products* 1997, *70*, 1-79.
The dolastatins.

2) Luesch H., Moore R.E., Paul V.J., Mooberry S.L. et Corbett T.H. *J. Nat. Prod.* 2001, *64*, 907-910.
Isolation of Dolastatin 10 from the Marine Cyanobacterium Symploca Species VP642 and Total Stereochemistry and Biological Evaluation of Its Analogue Symplostatin 1.

Bibliographie

3) Janin Y.L. *Amino Acids* 2003, *25*, 1-40.
Peptides with anticancer use or potential.

4) Simmons T.L., Andrianasolo E., McPhail K., Flatt P. et Gerwick W.H. *Mol. Cancer Ther.* 2005, *4*, 333-342.
Marine natural products as anticancer drugs.

5) Kingston D.G.I. *J. Nat. Prod.* 2009, *72*, 507-515.
Tubulin-Interactive Natural Products as Anticancer Agents.

6) *Drugs RD* 2011, *11*, 85-95.
Brentuximab Vedotin.

7) Flahive E. et Srirangam J. in *Anticancer Agents from Natural Products* 2012, 2nd edition, (Editors Cragg G.M., Kingston D.G.I. et Newman D.J.), Editions CRC Press (Taylor & Francis Group), Boca Raton, USA. The dolastatins. Novel antitumor agents from *Dolabella auricularia*, 263-288.

8) Gerwick W.H. et Fenner A.M. *Microb. Ecol.* 2013, *65*, 800-806.
Drug discovery from marine microbes.

9) Newman D.J. et Cragg G.M. *Mar. Drugs* 2014, *12*, 255-278.
Marine-Sourced Anti-Cancer and Cancer Pain Control Agents in Clinical and Late Preclinical Development.

10) http://doris.ffessm.fr/Especes/Lievre-de-mer-a-oreille3
DORIS (Données d'Observation pour la Reconnaissance et l'Identification de la faune et la flore Subaquatiques) LIÈVRE DE MER À OREILLE *Dolabella auricularia*.

L'ÉSÉRINE (= PHYSOSTIGMINE)

1) https://www.canalu.tv/video/cerimes/justice_coutumiere_chez_les_nzakara.9204
Retel-Laurentin A. 1973 Justice coutumière chez les Nzakara (film de 18 min).

2) Retel-Laurentin A. CNRS Sorcellerie et ordalies, l'épreuve du poison en Afrique Noire ; essai sur le concept de négritude, 1974, Éditions Anthropos.

3) Proodfoot A. *Toxicol. Rev.* 2006, *25*, 99-138.
The early toxicology of physostigmine. A tale of beans, great men and egos.

4) Lydenne T. *J.* 2008, *Thèse d'exercice (Diplôme d'État de Docteur en pharmacie), Université Paris-Sud 11*
Poisons d'épreuve africains d'origine végétale.

5) Goodman & Gilman's *The pharmacological basis of therapeutics* 2001, 10th edition (Editors Hardman J.G. et Limbird L.E.), Editions McGraw-Hill, New York, USA.

L'EXÉNATIDE
1) Eng J., Andrews P.C., Kleinman W.A. et Raufman J.-P. *J. Biol. Chem.* 1990, *265*, 20259-20262.
Purification and structure of exendin-3, a new pancreatic secretagogue isolated from *Heloderma horridum* venom.

2) Eng J., Kleinman W.A., Singh L., Singh G et Raufman J.-P. *J. Biol. Chem.* 1992, *267*, 7402-7406.
Isolation and characterization of exendin-4, an exendin-3 analogue, from *Heloderma suspectum* venom.

3) Raufman J.-P. *Regul. Pept.* 1996, *61*, 1-18.
Bioactive peptides from lizard venoms.

4) http://www.diabetesincontrol.com/dr-john-engs-research-found-that-the-saliva-of-the-gila-monster-contains-a-hormone-that-treats-diabetes-better-than-any-other-medicine/ 2007
Dr. John Eng's research found that the saliva of the Gila Monster contains a hormone that treats diabetes better than any other medicine.

5) Furman B.L. *Toxicon* 2012, *59*, 464-471.
The development of Byetta (exenatide) from the venom of the Gila monster as an anti-diabetic agent.

LA FOSFOMYCINE
1) Hendlin D., Stapley E.O., Jackson M., Wallick H., Miller A.K., Wolf F.J., Miller T.W., Chaiet L., Kahan F.M. Foltz E.L., Woodruff H.B., Mata J.M., Hernandez S. et Mochales S. *Science*. 1969, *166*, 122-123.
Phosphonomycin, a new antibiotic produced by strains of Streptomyces.

2) Christensen B.G., Leanza W.J., Beattie T.R., Patchett A.A., Arison B.H., Ormond R.E., Kuehl F.A., Albers-Schonberg G. Jr. et Jardetzky O. *Science*. 1969, *166*, 123-125.
Phosphonomycin : structure and synthesis.

3) Grassi G.G. *Infection* 1990, *18 suppl 2*, S57-S59.
Fosfomycin trometamol : Historical background and clinical development.

4) Michalopoulos A.S., Livaditis I.G. et Gougoutas V. *Int. J. Infect. Dis.* 2011,*15*, e732-e739.
The revival of fosfomycin.

LES INSULINES
1) Sanger F. *Brit. Med. Bull.* 1960, *15*, 183-188.
Chemistry of insulin.

2) Nicol D.S.H.W. et Smith L.F. *Nature* 1960, *187*, 483-485.
Amino-Acid sequence of human insulin.

3) Lestradet H. *Histoire des sciences médicales* 1993, *XXII*, 61-68.
Historique de la découverte de l'insuline.

4) http://www.whatisbiotechnology.org/index.php/exhibitions/sanger/insulin
Sequencing proteins : Insulin.

5) https://www.federationdesdiabetiques.org/sites/default/files/field/documents/fiche_90_ans_insuline.pdf
Les 90 ans de la découverte de l'insuline.

6) Chast F. *Bull. Acad. Natle Méd.* 2017, *201*, 1255-1268.
Nouvelles insulines : innovations moléculaires, galéniques et biopharmaceutiques.

7) Crowley MJ et Maciejewski ML *JAMA* 2018, *320*, 38-39.
Revisiting NPH insulin for type 2 diabetes : Is the step back the path forward ?

8) Heinemann L. *J. Diabetes Sci. Technol.* 2018, *12*, 239–242.
Inhaled Insulin : Dead horse or rising Phoenix ?

9) Kumar VB, Choudhry I., Namdev A., Mishra S., Soni S., Hurkat P., Jain A. et Jain D. *Curr. Diabetes Rev.* 2018, *14*, 497-508.
Oral insulin : Myth or reality.

10) Easa N., Alany R., Carew M. et Vangala A. *Drug Discov. Today* 2019, *24*, 440-451.
A review of non-invasive insulin delivery systems for diabetes therapy in clinical trials over the past decade.

11) Lipska K. J. *JAMA* 2019, *321*, 350-351.
Insulin analogues for type 2 diabetes.

L'IVERMECTINE
1) Burg R.W., Miller B.M., Baker E.E., Birnbaum J., Currie S.AA., Hartman R., Kong Y-L., Monaghan R.L., Olson G., Putter I., Tunac J.B., Wallick H., Stapley E.O., Oiwa R. et Omura S. *Antimicrob. Agents Chemother.* 1979, *15*, 361-367.
Avermectins, new family of potent anthelmintic agents : Producing organism and fermentation.

Bibliographie

2) Miller T.W., Chaiet L., Cole D.J., Cole L.J., Flor J.E., Goegelman R.T., Gullo V.P., Joshua H., Kempf A.J., Krellwitz W.R., Monaghan R.L., Ormond R.E., Wilson K.E., Albers-Schönberg G. et Putter I. *Antimicrob. Agents Chemother.* 1979, *15*, 368-371.
Avermectins, new family of potent anthelmintic agents : isolation and chromatographic properties.

3) Campbell W.C. *Parasitology Today* 1985, *1*, 10-16.
Ivermectin : an update.

4) Vercruysse J. et Rew R.S. *Macrocyclic lactones in antiparasitic therapy* 2002, Editions CABI Publishing, Oxon, UK ; New York, USA.

5) Campbell W.C. *Angew. Chem. Int. Ed.* 2016, *55*, 10184-10189.
Ivermectin : A reflexion on simplicity (Nobel lecture).

6) Omura S. *Angew. Chem. Int. Ed.* 2016, *55*, 10190-10209.
A splendid gift from the earth : The origins and impact of the avermectins (Nobel lecture).

7) Tekle A.H., Zouré H.G.M., Noma M., Boussinesq M., Coffeng L.E., Stolk W.A. et Remme J.H.F. *Infect. Dis. Poverty* 2016, *5*, 1-25.
Progress towards onchocerciasis elimination in the participating countries of the African Programme for Onchocerciasis Control : epidemiological evaluation results.

8) Crump A. *J. Antibiotics* 2017, *70*, 495-505.
Ivermectin : enigmatic multifaceted 'wonder' drug continues to surprise and exceed expectations.

9) Laing R., Gillan V. et Devaney E. *Trends Parasitol.* 2017, *33*, 463-472.
Ivermectin – Old drug, new tricks ?

10) Foy B.D., Alout H., Seaman J.A., Rao S., Magalhaes T., Wade M., Parikh S., Soma D.D., Sagna A.B., Fournet F., Slater H.C., Bougma R., Drabo F., Diabaté A., Coulidiaty A.G.V., Rouamba N. et Dabire R.K. *Lancet* 2019 Mar 13. pii: S0140-6736(18)32321-3.
Efficacy and risk of harms of repeat ivermectin mass drug administrations for control of malaria (RIMDAMAL) : a cluster-randomised trial.

11) Chaccour C. et Rabinovich N.R. *Lancet* 2019 Mar 13. pii: S0140-6736(18)32613-8.
Advancing the repurposing of ivermectin for malaria.

LES RIFAMYCINES
1) Sensi P., Margalith P. et Timbal M.T. *Farmaco (Ed. Sci.)* 1959, *14*, 146-147.
Rifomycin, a new antibiotic ; preliminary report.

2) Sensi P., Greco A.M. et Ballotta R. *Antibiotics Annual* 1959-1960, 262-270.
Rifomycin. I. Isolation and properties of rifomycin B and rifomycin complex.

3) Tambal M.T. *Antibiotics Annual* 1959-1960, 271-284.
Rifomycin. II. Antibacterial activity of rifomycin B.

4) Margalith P et Beretta G. *Mycopathol.et Mycol. Appl.* 1960, *13*, 321-330.
Rifomycin. XI. Taxonomic studiy on *Streptomyces mediterranei* nov. sp.

5) Gerber R. *Chemotherapia* 1963, *7*, 327-330.
Un nouvel agent antibiotique : la rifamycine SV.

6) Margalith P. dans *Advances in Applied Microbiology* Ed. Wayne W. Umbreit 1964, *6*, 84-85. Éditions Academic Press.

7) Sensi P. *Rev. Infect. Dis.* 1983, *5, suppl. 3*, S402-S406.
History of the development of rifampin.

8) Aronson J. *BMJ* 1999, *319*, 972.
When I use a word... That's show business.

9) Mejia A., Viniegra-Gonzalez G. et Barrios-Gonzalez J. *J. Biosci. Bioeng.* 2003, *95*, 288-292.
Biochemical mechanism of the effect of barbital on rifamycin B biosynthesis by *Amycolatopsis mediterranei* (M18 strain).

10) Greenwood D. *Antimicrobial drugs : Chronicle of a twentieth century medical triumph* 2008, Editions Oxford University Press, Oxford, UK.

11) Lancini G. *J. Antibiotics* 2014, *67*, 609-611.
In memory of Piero Sensi (1920-2013).

LE SIROLIMUS ET SES DÉRIVÉS

1) Vézina C., Kudelski A. et Sehgal S.N. *J. Antibiotics* 1975, *28*, 721-726.
Rapamycin (AY-22,989), A new antifungal antibiotic. I) Taxonomy of the producing Streptomycete and isolation of the active principle.

2) Sehgal S.N., Baker H. et Vézina C. *J. Antibiotics* 1975, *28*, 727-732.
Rapamycin (AY-22,989), A new antifungal antibiotic. II) Fermentation, isolation and characterization.

3) Neil Swindells D.C., White P.S. et Findlay J.A. *Can. J. Chem.* 1978, *56*, 2491-2492.
The X-ray crystal structure of rapamycin, $C_{51}H_{79}NO_{13}$.

4) Tanaka H., Kuroda A., Marusawa H., Hatanaka H., Kino T. Goto T. et Hashimoto M. *J. Am. Chem. Soc.* 1987, *109*, 5031-5033.
Structure of FK506 : A novel immunosuppressant isolated from *Streptomyces*.

5) Kino T., Hatanaka H., Hashimoto M., Nishiyama M., Goto T., Okuhara M., Kohsaka M., Aoki H. et Imanaka H. *J. Antibiotics* 1987, *40*, 1249-1255.
FK-506, A novel immunosuppressant isolated from a *Streptomyces*. I) Fermentation, isolation, and biological characteristics.

6) Morelon M., Mamzer-Bruneel, M.-F., Peraldi, M.-N. et Kreis H. *Nephrol Dial Transplant.* 2001, *16*, 18-20.
Sirolimus : a new promising immunosuppressive drug. Towards a rationale for its use in renal transplantation.

7) *La Revue Prescrire* 2004, *24*, n° 254, 678-679.
Les endoprothèses dites pharmaco-actives : peu évaluées, mais coûteuses.

8) Harrison D.E., Strong R., Sharp Z.D., Nelson J.F., Astle C.M., Flurkey K., Nadon N.L., Wilkinson J.E., Frenkel K., Carter C.S., Pahor M., Javors M.A., Fernandez E. et Miller R.A. *Nature* 2009, *460* (7253), 392-395.
Rapamycin fed late in life extends lifespan in genetically heterogeneous mice.

9) Julien L.-A. et Roux P.R. *Medecine/Sciences* 2010, *26*, 1056-1060.
mTOR, la cible fonctionnelle de la rapamycine.

10) Seto B. *Clin. Transl. Med.* 2012, *1:29*, 1-7.
Rapamycin and mTOR : a serendipitous discovery and implications for breast cancer.

11) Miller R.A., Harrison D.E., Astle C.M., Fernandez E., Flurkey K., Han M., Javors M.A., Li X., Nadon N.L., Nelson J.F., Pletcher S., Salmon A.B., Sharp Z.D., Van Roekel S., Winkleman L. and Strong R *Aging Cell* 2014, *13*, 468-477.
Rapamycin-mediated lifespan increase in mice is dose and sex dependent and metabolically distinct from dietary restriction.

12) Mannick J.B., Del Giudice G., Lattanzi M., Valiante N.M., Praestgaard J., Huang B., Lonetto M.A., Maecker H.T., Kovarik J., Carson S., Glass D.J. et Klickstein L.B. *Sci. Transl. Med.* 2014, *6 (268)*, 268ra179.
mTOR inhibition improves immune function in the elderly.

13) *Haute Autorité de Santé* mai 2018.
Endoprothèses (stents) coronaires. Rapport d'évaluation technologique, 119 pages.

14) Kraig E., Linehan L.A., Liang H., Romo T.Q., Liu Q., Wu Y., Benavides A.D., Curiel T.J., Javors M.A., Musi N., Chiodo L., Koek W., Gelfond J.A.L. et Kellogg D.L. *Exp. Gerontol.* 2018, *105*, 53-69.
A randomized control trial to establish the feasibility and safety of rapamycin treatment in an older human cohort : Immunological, physical performance, and cognitive effects.

15) Anderson R.J. *The Pharmacologist* 2018, *60*, 222-233.
Rapamycin : The fountain of youth ?

16) Kaeberlein M. et Galvan V. *Sci. Transl. Med.* 2019, *11 (476)*, eaar4289.
Rapamycin and Alzheimer's disease : time for a clinical trial ?

LES TAXANES

1) Wani M.C., Taylor H.L., Wall E., Coggon P. et McPhail A.T. *J. Am. Chem. Soc.* 1971, *93*, 2325-2327.
Plant antitumor agents. VI. The isolation and structure of taxol, a novel antileukemic and antitumor agent from *Taxus brevifolia*.

2) Denis J.-N., Greene A.E., Guénard D., Guéritte-Voegelein F., Mangatal, L. et Potier P. *J. Am. Chem. Soc.* 1988, *110*, 5917-5919.
A highly efficient, practical approach to natural taxol.

3) Mangatal L., Adeline M.-T., Guénard D., Guéritte-Voegelein F. et Potier P. *Tetrahedron*, 1989, *45*, 4177-4190.
Application of the vicinal oxyamination reaction with asymmetric induction to the hemisynthesis of taxol and analogues.

4) Guéritte-Voegelein F., Guénard D., Lavelle F., Le Goff M.-T., Mangatal L. et Potier P. *J. Med. Chem.* 1991, *34*, 992-998.
Relationships between the structure of taxol analogues and their antimitotic activity.

5) Wall M.E. et Wani M.C. *Cancer Res.* 1995, *55*, 753-760.
Camptothecin and taxol : discovery to clinic−Thirteenth Bruce F. Cain memorial award lecture.

6) Anonymous. *Nature* 1995, *373*, 370.
Names for hi-hacking.

7) Potier P. avec Chast F. 2001, Éditions JC Lattès.
Le magasin du Bon Dieu.

8) Goodman J. et Walsh V. *The story of Taxol. Nature and politics in the pursuit of an anti-cancer drug* 2001, Editions Cambridge University Press, Cambridge, UK.

9) Le Roux M. et Guéritte F. *La Navelbine® et le Taxotère®, histoires de sciences* 2017, Editions ISTE London, UK.

LES VINCA ALCALOÏDES

1) Noble R.L., Beer C.T. et Cutts J.H. *Ann. N. Y. Acad. Sci.* 1958, *76*, 882-894.
Role of chance observations in chemotherapy : *Vinca rosea*.

2) Potier P., Langlois N., Langlois Y. et Guéritte F. *J. C. S. Chem. Comm.* 1975, *16*, 670-671.
Partial synthesis of vinblastine-type alkaloids.

3) Mangeney P., Andriamialisoa R.Zo, Langlois N., Langlois Y. et Potier P. *J. Am. Chem. Soc.* 1979, *101*, 2243-2245.
Preparation of vinblastine, vincristine, and leurosidine, antitumor alkaloids from *Catharanthus* spp. (Apocynaceae).

4) Mangeney P., Andriamialisoa R. Zo, Lallemand J.-Y., Langlois N., Langlois Y. et Potier P. *Tetrahedron* 1979, *35*, 2175-2179.
5'-Nor anhydrovinblastine. Prototype of a new class of vinblastine derivatives.

5) Kuehne M.E. et Markó I. in *The Alkaloids : Chemistry and Pharmacology* 1990, *37* (Editors Arnold Brossi et Matthew Suffness), Editions Academic Press, Cambridge, USA.
Synthesis of vinblastine-type alkaloids 77-131.

Bibliographie

6) Berrier C., Jacquesy J.-C., Jouannetaud, M.-P. et Vidal Y. *Tetrahedron* 1990, *46*, 815-826.
Synthesis of fluorhydrins and of bromofluoroderivatives by anti addition on the 14-15 double bond of tabersonine in superacids.

7) Berrier C., Jacquesy J.-C., Jouannetaud, M.-P. et Vidal Y. *Tetrahedron* 1990, *46*, 827-832.
Direct bromination or hydroxylation at C-11 in vincadifformine and tabersonine dervatives in superacids.

8) Berrier C., Jacquesy J.-C., Jouannetaud, M.-P, Lafitte C., Vidal Y., Zunino F., Fahy J. et Duflos A. *Tetrahedron* 1998, *54*, 13761-13770.
Functionalization of a non activated C-H bond : fluorination of vindoline at C-20 in superacids.

9) Jacquesy J.-C., Berrier C., Jouannetaud, M.-P, Zunino F., Fahy J., Duflos A. et Ribet J.-P. *J. Fluorine Chem.* 2002, *114*, 139-141.
Functionalization of a non activated C-H bond : fluorination of vindoline at C-20 in superacids.

10) Jacquesy J.-C. *J. Fluorine Chem.* 2006, *127*, 1484-1487.
Reactivity of *Vinca* alkaloids in superacid. An access to vinflunine, a novel anticancer agent.

11) Le Roux M. et Guéritte F. *La Navelbine® et le Taxotère®, histoires de sciences* 2017, Editions ISTE London, UK.

12) Martino E., Casamassima G., Castiglione S., Cellupica E., Pantalone S., Papagni F., Rui M., Siciliano A.M. et Collina S. *Bioorg. Med. Chem. Lett.* 2018, *28*, 2816-2826.
Vinca alkaloids and analogues as anti-cancer agents : Looking back, peering ahead.

LE ZICONOTIDE
1) Kohn A.J. *Proc. Natl. Acad. Sci. USA* 1956, *42*, 168-171.
Piscivorous gastropods of the genus *Conus*.

2) McIntosh M., Cruz L.J., Hunkapiller M.W., Gray W.R. et Olivera B.M. *Arch. Biochem. Biophys.* 1982, *218*, 329-334.
Isolation ans structure of a peptide toxin from the marine snail *Conus magus*.

3) Hopkins C., Grilley M., Miller C., Shon K.-J., Cruz L.J., Gray W.R., Dykert J., Rivier J., Yoshikami D. et Olivera B.M. *J. Biol. Chem.* 1995, *270*, 22361-22367.
A new family of *Conus* peptides targeted to the nicotinic acetylcholine receptor.

4) Olivera B.M. dans *Drugs from the sea* 2000 Fustani N. Ed. Basel, Karger
w-Conotoxin MVIIA : From marine snail venom to analgesic drug 74-85.

5) Olivera B.M. et Cruz L.J. *Toxicon* 2001, *39*, 7-14.
Conotoxins, in retrospect.

6) Weiss N. et De Waard M. *Médecine/Sciences* 2006, *22*, 396-404.
Les canaux calciques dépendants du voltage au cœur de la douleur.

7) Olivera B.M. et Teichert R.W. *Mol. Interv.* 2007, *7*, 251-260.
Diversity of the neurotoxic *Conus* peptides.

8) Becker S. et Terlau H. *Appl. Microbiol. Biotechnol.* 2008, *79*, 1-9.
Toxins from cone snails : properties, applications and biotechnological production.

9) Bäckryd E. *Eur. J. Pain.* 2018, *22*, 1193-1202.
Do the potential benefits outweigh the risks ? An update on the use of ziconotide in clinical practice.

LE TRAMADOL
1) Boumendjel A., Sotoing Taïwe G., Ngo Bum E., Chabrol T., Beney C., Sinniger V., Haudecoeur R., Marcourt L., Challal S., Ferreira Queiroz E., Souard F., Le Borgne M., Lomberget T., Depaulis A., Lavaud C., Robins R., Wolfender J.-L., Bonaz B. et De Waard M. *Angew. Chem. Int. Ed.* 2013, *52*, 11780-11784.

Bibliographie

Occurrence of the synthetic analgesic tramadol in an African medicinal plant.

2) Kusari S., Tatsimo S.J.N., Zühlke S., Talontsi F.M., Fogue Kouam S. et Spiteller M. *Angew. Chem. Int. Ed.* 2014, *53*, 12073-12076.
Tramadol – A true natural product ?

3) Lecerf-Schmidt F., Haudecoeur R., Peres B., Ferreira Queiroz M.M., Marcourt L., Challal S., Ferreira Queiroz E., Sotoing Taiwe G., Lomberget T., Le Borgne M., Wolfender J.-L., De Waard M. Robins R.J. et Boumendjel A. *Chem. Comm.* 2015, *51*, 14451-14453.
Biomimetic synthesis of tramadol.

4) Romek KM, Nun P, Remaud GS, Silvestre V, Taïwe GS, Lecerf-Schmidt F, Boumendjel A, De Waard M et Robins RJ. *Proc Natl Acad Sci U S A.* 2015, 112, 8296-8301.
A retro-biosynthetic approach to the prediction of biosynthetic pathways from position-specific isotope analysis as shown for tramadol.

5) Kusari S., Tatsimo S.J.N., Zühlke S. et Spiteller M. *Angew. Chem. Int. Ed.* 2016, *55*, 240-243.
Synthetic origin of tramadol in the environment.

6) Cogné G. *Libération* 2016, *16/08/2016*
Tramadol, les ravages de la « cocaïne » du pauvre.

7) Tisseron A.
https://afriquedecryptages.wordpress.com/2017/10/13/tramadol-medicament-et-drogue-du-pauvre-en-afrique-de-louest-et-au-sahel/
Tramadol, médicament et drogue du pauvre en Afrique de l'Ouest et au Sahel.

8) Wenner J., Vogel T. et Andrès E. *Médecine thérapeutique* 2017, *23*, 208-214.
Retrait du dextropropoxyphène : avons-nous bien fait au regard de la médecine factuelle et des besoins d'antalgiques de palier 2 pour nos patients ?

9) Salm-Reifferscheidt L. *Lancet* 2018, *391*, 1982-1983.
Tramadol : Africa's opioid crisis.

10) Santi P. *Le Monde* 2018, 15/*10/2018*.
L'addiction aux opiacés, première cause de mort par overdose en France.

SOURCES DES ILLUSTRATIONS...

Les structures chimiques ont été dessinées par l'auteur (à l'exception de celle du ziconotide, réalisée par Erwan Poupon). Les autres illustrations, très rarement sérieuses, ont été également conçues par l'auteur, toujours avec du matériau (images, dessins, photos) libre d'accès et dont la réutilisation, même après modification, est autorisée. L'origine de ce matériau est précisée ci-dessous, classée par chapitre.

COUVERTURE
Les Moaïs au pied de la carrière sur l'ile de Pâques © Yves Picq (2013).

L'ARTÉMISININE ET SES DÉRIVÉS
Page 29 : *Artemisia annua* © Ton Rulkens (2010) ; Youyou Tu © Bengt Nyman (2015).

LA CAMPTOTHÉCINE ET SES DÉRIVÉS
Page 43 : Dessin conversation téléphonique © Mohamed Hassan (2018).

LES DOLASTATINES
Page 65 : Le lièvre de mer (ou « dolabelle commune ») *Dolabella auricularia* à la Réunion © Philippe Bourjon (2014).

L'EXÉNATIDE
Page 90 : Gila Monster (*Heloderma suspectum*) at the Louisville Zoo © Ltshears (2009).

LES INSULINES
Pages 118, 122-123 : La proinsuline © Mr Hyde ; modifiée par Zapyon.

L'IVERMECTINE
Page 139 : Life cycle of *Onchocerca volvulus* (French version). Centers for Disease Control and Prevention (2007).

LE SIROLIMUS ET SES DÉRIVÉS
Page 162 : *cf. couverture.*

Drôles d'histoires de médicaments d'origine naturelle

LES TAXANES
Pages 176 et 178 : Les deux publicités du Taxol Lobica proviennent du lien suivant : https://www.flickr.com/photos/jeromedubois/albums
Ce site, du dessinateur illustrateur Jérôme Dubois que je remercie vivement, permet de découvrir plus de 200 publicités d'époque sur des médicaments des années 1930. Cette collection avait été constituée par son arrière-grand-père, le Dr Rigault médecin à Montélimar, à partir de magazines médicaux dont *Ridendo, revue gaie pour le médecin*.
Page 182 : Laboratoire de pharmacognosie de Châtenay-Malabry.
Page 187 : Organic Synthesis without or with protecting group (A: undesired Product, B: desired Product) © Mabschaaf (2011).
Page 192 : Blue Öyster Cult par Eric Meola, Columbia Records (1977).

LE ZICONOTIDE
Page 235 : *Conus magus* 56 mm © Richard Parker (2009).

LE TRAMADOL
Page 247 : Fruit and flower of *Sarcocephalus latitifolius* (syn. *Nauclea latifolia*), SE Burkina Faso © Marco Schmidt (2004).
Page 252 : Louis Pasteur, Colour lithograph by Amand (1880) © Wellcome Library, London. Wellcome Images.

... ET SOLUTION DE LA GRILLE !

	1	2	3	4	5	6	7
I	E	S	E	R	I	N	E
II	M	O	S	A	N	E	S
III	E	M	E	T	■	T	E
IV	T	O	R	A	H	■	R
V	I	N	I	T	I	A	I
VI	N	I	N	■	F	I	N
VII	E	S	E	R	I	N	E

REMERCIEMENTS

Merci à Monique, ma femme, et à Véronique, ma fille aînée pour leurs conseils, leurs remarques et leurs critiques (constructives évidemment) sur l'esprit et le contenu de ce livre.

Merci à Frédérique, ma fille cadette, pour son aide très précieuse à la mise en page et à la préparation de la maquette de ce livre.

Merci à vous trois pour votre patience infinie et votre indulgence devant un mari ou un père parfois un tantinet radoteur !

Merci à Michel Lebœuf, ancien collègue du laboratoire de pharmacognosie de Châtenay-Malabry et ami, pour sa lecture minutieuse de mon manuscrit et ses suggestions d'ajouts ou de modifications. Sa très grande connaissance de notre discipline commune en faisait forcément le relecteur idéal.

Merci à Françoise Guéritte pour sa lecture de deux des chapitres (les taxanes et les vinca-alcaloïdes) et ses encouragements à poursuivre.

Merci aussi à Yann Collin pour ses conseils concernant la mise en page et la réalisation de la couverture.

Merci à Jean-Christophe Jullian, Bruno Figadère et Marc Pallardy de la faculté de pharmacie de Châtenay-Malabry. Par vos interventions, chacun de vous, à votre niveau respectif, m'avez permis de continuer à bénéficier, après mon départ à la retraite, des ressources électroniques de l'Université Paris-Sud. Cet accès très aisé à la bibliographie m'a considérablement facilité la tâche dans la préparation de ce livre.

Merci enfin à Gébé et au Professeur Choron pour leur rubrique, *L'Art vulgaire*, qui a commencé à paraître dans Hara-Kiri au milieu des années 1970. Ajouter des bulles à un tableau pour faire parler ou penser les personnages (toujours avec la délicatesse extrême et exquise de ce journal bête et méchant !) et détourner ainsi totalement le sens de l'œuvre me faisait beaucoup rire ; il a dû m'en rester quelque chose...

TABLE

Préface 7

Introduction sur les principes actifs d'origine naturelle 9

L'artémisinine et ses dérivés 21
O – O = LA TÊTE AU PLASMO

La camptothécine et ses dérivés 37
UN GROS PROBLÈME DE COUPER-COLLER

La cyclopamine 51
L'AGNEAU, LA MOUCHE ET LE HÉRISSON

Les dolastatines 63
VINGT MILLE LIÈVRES SOUS LES MERS

L'ésérine (= physostigmine) 79
PARFOIS DANS LA FÈVE, JAMAIS DANS LA GALETTE

L'exénatide 89
Y A PAS DE LÉZARD ? SI JUSTEMENT, ET UN GROS !

La fosfomycine 101
LE STREPTOMYCES QUI VOULAIT QU'ON LUI FICHE LA PAIX

Les insulines 113
L'INSULINE OU LES SUPER-POUVOIRS DU COLLIER MAGIQUE

L'ivermectine 131
SA DEVISE ? EN VERS ET CONTRE TOUT

Les rifamycines   145
DU RIFIFI CHEZ LE BK

Le sirolimus (= la rapamycine) et ses dérivés   161
À PÂQUES MAIS PAS À LA TRINITÉ

Les taxanes (1re partie) : le paclitaxel (Taxol®)   175
ATTENTION, UN TAXOL PEUT EN CACHER UN AUTRE !

Les taxanes (2de partie) : le docétaxel (Taxotère®)   185
ET LA CITROUILLE DEVINT CARROSSE

Les vinca alcaloïdes (1re partie) : la vinblastine, la vincristine et la vindésine   199
SERENDIPITY FOR EVER : SAISON 1

Les vinca alcaloïdes (2e partie) : la vinorelbine   205
SERENDIPITY FOR EVER : SAISON 2

Les vinca alcaloïdes (3e partie) : la vinflunine   211
SERENDIPITY FOR EVER : SAISON 3

Le ziconotide   227
LA DENT DE LA MER

Épilogue   239

Le tramadol   241
D'OÙ VIENS-JE, QUI SUIS-JE ?

Bibliographie   257

Sources des illustrations...   275

Remerciements   277

www.ingramcontent.com/pod-product-compliance
Lightning Source LLC
Chambersburg PA
CBHW050159230526
45470CB00001B/166